深呼吸後的管理學

陳立偉，魏星　著

專注力×正念力×心流論，

讓你學會好好呼吸，輕鬆擁有好業績！

彈性思維×自我覺察×情緒管理

學會正念的上班族，擺脫收假症候群；

懂得正念的領導者，帶領公司更上層樓、業績長紅！

目錄

目錄

自序

一、「六年級生」焦慮奮鬥者的告白

在大學期間，除了自己系上的課，我非常投入的學習英語和電腦，因為我希望擴大視野，進入一個更大的舞臺。「我需要更多」這個念頭一直伴隨著我的學習和工作，融入我生活的各個方面。

我的第一份工作是在某國際著名會計師事務所，經理來自香港。這份工作有著強大光環和吸引力，進一步促使我成為一個工作和學習狂。在「peak season」（旺季）裡，每天工作 10 ～ 12 小時之後，我會從夜深人靜的 10 點鐘開始，繼續學習 2 ～ 3 小時的 ACCA（英國特許公認會計師）課程。在這樣強的自我期許下，職業發展獲得了不錯的進步。

但與自我期許和成就感如影隨形的是莫名的焦慮感：一種我不獲得什麼成就就會一無是處的擔憂；一種自己的工作還不夠盡善盡美的恐懼；一種不進則退，居安思危的習慣。當接到客戶或上級的電話時，我的第一反應是「我會不會哪裡做錯了？」所以我不喜歡接電話。我會夢到試算表出現了錯誤，被經理發現後被責罵的場景。

所以除了職場上的努力奮鬥外，我一直在自救，希望征服這份焦慮。我閱讀了很多相關的心理學書籍，例如《克服焦慮》、《自卑與超越》、《身分的焦慮》、《心理分析》、《榮格自傳》等。所謂久病成醫，我於心理學有了一定的了解。應該說，這些在認知層面的心理學知識，對於我焦慮症狀的剖析，有一定的幫助，閱讀時經常會覺得「哇，好有道理！」然而過了一陣子，又陷入舊有的模式。

我一度以為這種焦慮只是讓我感覺不舒服，並不會對我的工作效率產生影響。直到有一天，我一直很看好的一位下屬提出辭職，他說：「你人很好，

自序

可是跟你一起工作沒有什麼發展，因為你沒有真正照顧到我。」我這才意識到，「我需要更多」的焦慮，已經影響到了我的工作能力。我一直焦慮著自己做得好不好，關注焦點在自己身上，沒有關注到團隊的真正需求。

從 2010 年開始的正念練習，幫助我可以輕鬆且客觀的去看待過去的成長經歷。觸動我去進行練習的是這樣一段話：「有兩種疾病，身體和精神上的疾病。世界上有人可以在一、兩年遠離身體疾病，甚至是 100 年或更長的時間，但是世上很少有人能遠離精神疾病。冥想（Meditation）旨在產生一種健康的精神狀態。很遺憾，冥想一再被人誤解，一提到冥想，人們就會想從日常生活中逃離，以一種特別的姿態，就像寺院中的某些洞穴或是雕像，在遠離城市的偏遠之所，沉迷於或被吸引進某種神祕的想法或恍惚。」這個對於冥想本質的澄清，掃除了我內心的困惑。而各種機緣巧合，讓我有幸接觸並實踐的正是冥想練習中最普遍，也是目前被最廣泛研究的正念練習（關於正念與冥想的關係，詳見第二章）。

正念帶給我直接的好處是焦慮感的降低。更準確的說，是對焦慮的敏感度的降低。焦慮還在，但不會覺得它是什麼嚴重的事情。我還是會擔心工作沒有盡善盡美，但會比以前更快的意識到這種擔心是多餘的，所以這種擔心的影響也就小了。令我驚喜的是，不僅僅是情緒的提升，它還讓我覺察到一些我過往忽略的東西，比如對同事的關注、記住他們的名字、留心傾聽他們所表達的觀點及背後的情緒。

除此之外，正念帶來的更重要的變化是能接納自己的不足，使我能更快的看到自己的待改善之處，進而幫助我在管理工作上進步。

2013 年在我剛成為公司執行長的那段時間，有幾個問題逐漸暴露出來，包括團隊之間的合作不順暢、重要的策略舉措推行不下去。為了改變這個局面，我不停的嘗試，投入大量的精力，幾乎是忙得團團轉，早上六點半起床，工作到深夜 12 點甚至是 1 點、2 點。與其他管理團隊成員談心，自己親自去做一些別的職位沒有執行到位的工作，而不是指導別人去完成，試圖以一種忙碌的狀態來解決問題。即使如此忙碌，我依然堅持每天 10 ～ 20 分鐘的正念練習，從直接的效果上看，它有助於我的心態平靜。這樣過了數月，有一天，我突然意識到，我一直是在以過去的成功模式從事新角色的工作。過去的成功模式是個人貢獻者的模式，核心是個人努力、人際關係友好和主動合作，而新的職位還要求有領袖風範、能夠激發團隊及建立榜樣和規則。我過度使用了我個人能力的優勢，而太少使用其他能力。其實有很多同事都曾經直接或間接給過我類似的建議，只是我當時並沒有能認知到它們的重要性。當我回首這個轉變過程，我越發認知到正念對我更大的幫助：「正念練習給我一個旁觀者的角度，不以批判的眼光看待周遭以及自我，使我不用花精力去維護自我的形象，從而更快也更客觀的看到真實情況。」雖然這個突然意識的過程花了幾個月的時間，但作為一個重大的角色轉變的過程，其實並不算久，也沒有付出太大的代價。

我的親身體驗讓我對正念日益堅定了信心。2015 年年初，當我即將步入「四十不惑」，在思考我的人生使命時，我確定了，「在工作場所推廣正念和領導力」是我的方向。我也注意到在國際上，正興起一個「正念革命」的浪潮，Google、Facebook，甚至一向被視為「穩健」的高盛公司等，已在公司內推廣了正念，這無疑進一步增加了我的信心。

現在，我全心全力的投入這項事業。毋庸置疑，過程中充滿了困難和挑戰，但當我看到更多的人體驗到正念帶給他們的積極影響時，我內心洋溢著幸福。是否還要努力工作？當然！還有壓力和焦慮嗎？當然！那正念到底帶給我什麼？找到生命的意義、做自己喜歡的事情、與壓力和焦慮更好的相處、有一份安心和滿足感，正念帶給我很多。我相信，正念也會為你帶來幫助。

自序

二、本書寫作的緣由

越來越多的研究、案例及我自身的學習和教學經驗都顯示，正念對於降低壓力、緩解疲勞、提升積極情緒、增加幸福感、提高員工敬業度和工作滿意度、提升文化凝聚力，以及擴展領導力非常有效。媒體發表的與正念和冥想研究相關的文章數量，從 1990 年代的每年 20 ～ 30 篇，增加到現在的每年近 400 篇，包括哈佛大學、史丹佛大學、加州大學洛杉磯分校、加州大學柏克萊分校及牛津大學等在內的世界著名研究機構，都在致力於對正念的研究。

另外，我發現還有許多人和企業還缺乏對正念的了解，有時甚至還存在一定的誤解，特別是在正念這個似乎是心靈或靈性的練習，如何與工作、領導力、企業、競爭等這些「世俗」的事務關聯起來這一方面。查閱了大量關於正念的書籍和研究報告後，我發現，現有的書籍多以心理學和心靈類的散文為主，與工作場所和領導力直接相關的並不多。許多研究，包括心理學、神經科學和組織行為學方面的研究，還局限在學術界或是小範圍領域。這也許是導致正念還沒有被廣泛且正確的了解的原因。如果能結合這些研究，在我們的工作和生活中更好的闡釋正念，就有機會幫助到更多的人和企業。

在我的學習和教學的過程中，有許多人和企業給予我信任，將他們所面臨的困擾和問題與我坦誠分享。在我將正念的方法介紹給他們的過程中，我發現正念結合其他的方法能產生更好的效果。同時我也發現了正念與其他領導力培訓方法的深層次的關聯。這加深了我對正念和領導力的理解，協助我改善了正念領導力的培訓方案，我認為這對於解決當下職場人士和企業所面臨的困擾和問題應該有效。

在正念領導力教學過程中，對我幫助最大的夥伴之一是魏星。魏星在團隊、人才和領導力發展方面的知識和經驗豐富，更重要的是，我們有共同的信念，那就是「每個人的內在都是自足的」。基於這個信念，我們想要幫助更多的人挖掘出內在的力量，煥發出活力和潛能。在與魏星的合作中，我進一步體驗到了什麼是共創，也加強了對正念領導力課程的信心。因此，我邀請魏星和我合著這本書。需要說明的是，書中是以第一人稱來寫的，因為我們認為這樣的方式有助於加強與讀者的連結、溝通和交流。

我的願景是協助企業和職場人士開發潛能、平和喜樂、成就事業。正念領導力的培訓和推廣是實現這一願景的途徑，而推廣方式之一就是以這本書為載體，分享給更多的人。本書中，我希望可以幫助你了解什麼是正念、正念與工作和領導力的關係，透過正念領導力的訓練方法，幫助你解決所面臨的困擾和問題，獲得幸福和成功。正念領導力的訓練方法也需要不斷的完善和改進，所以，歡迎你大膽的分享你的練習和體會或是疑問和建議，這將對我們的工作帶來非常大的幫助。感謝每一位讀者！

陳立偉

自序

變革時代管理者的困境——「溫水中的青蛙」還是「受傷的獵豹」

努力了半天，我從一個陷阱掉入了另一個陷阱。

快速變化帶來的困境

A：

· 年齡：39

· 職務：職能部門經理

· 工作狀態描述：「每天照舊啦，工作還不是太辛苦。但現在公司業績不好，去年把這個事業部都關了。還說不定哪天我也會被裁掉呢？到時再說吧。對工作整體還算滿意，錢不算多，但也沒有常常加班。再說了，現在工作不是我的重點，我正好多花點時間在孩子身上。」

· 職業期待：「都這把年紀了，也沒有什麼盼望。說不擔心是不可能的，但還能做什麼呢？現在不去想那麼多。」

· 情緒狀態描述：「還可以吧。沒有什麼成就感，但是壓力也不算太大。最近開始越來越擔心未來怎麼辦，偶爾會莫名其妙的發個脾氣。主要還是會對小孩子著急，說什麼他都聽不進去，現在競爭這麼激烈，現在不好好用功，將來怎麼辦？」

· 上級回饋：「基本能勝任工作，但缺乏積極主動，希望工作時可以更投入，並發揮出影響力和領導力。」

· 孩子回饋：「總是不停的讓我上這個班那個班的，還總責備我做得不夠好。」

· 公司情況：傳統行業裡的大型企業。業務和管理體系都存在了很長一段時間，業務成長緩慢或有些下滑，業績指標是每年增長百分之三或與去年持平。前幾年還沒有感覺到市場的衝擊，但最近開始感覺到過去一直很穩定的市場地位受到了挑戰。公司內部也有關於變革的議題討論，但並沒有人太認真的對待，更像是一個例行的、沒有結果的討論會。由於業務成長情況不好，人員的晉升也很緩慢，好多人的工作 10 年裡沒有

變化，而有幹勁的人覺得機會不夠多，也逐漸離開了。員工的敬業度也和業務的情況類似，常年沒有提升甚至有些下滑。公司各區 CEO 每隔幾年會有所調整，剛任職時，都想做一點事情，但一、兩年過去後，並沒有實質的變化。而大多數員工都已習以為常了。

B：

· 年齡：32

· 職務：業務部門總監

· 工作狀態描述：「太辛苦了。每天團團轉，一天 24 小時都不夠用。你知道現在競爭太激烈了，稍微一停下來就會被別人超過。我知道有些工作也不是非常有效率。公司發展得太快，管理有些混亂，方向也常常變化。但不這樣也不行啊。我沒有想出什麼好辦法，而且現在也沒有時間想啊，我只要停下來 2 個小時，就會有兩、三千個訊息沒有回。我覺得隨時在被人趕著跑，真不知道還能撐多久。」

· 職業期待：「最近沒空多想了。做我們網路行業的，前幾年要是運氣好能遇上個發展特別好的公司就發財了。但現在更難了，誰知道明天會發生什麼。而且也不像以前會有那麼多的期權，就算是上市也不會發大財。」

· 情緒狀態描述：「忙歸忙，但還是有很多進步和提升的。問題就是壓力太大，最近開始有失眠的問題。睡不好，還會夢到工作上的問題。會很急躁，那麼多事情要去處理，能不急嗎？還有就是煩心，一大堆工作要處理。」

· 上級回饋：「工作努力、打拚，但過分強調個人的付出。希望可以多關心下屬團隊的發展，並多多關注自身的人際關係。」

· 孩子回饋：「老是不在家，希望可以多陪陪我。」

· 公司情況：網路獨角獸公司。業務以非常快的速度在成長，有時甚至是每個月都以三成～五成的速度在提高，與此相應的是，公司的人員變化速度非常快，公司人力資源部門在不停的應徵，但也可能在半年後，公司突然決定改變業務方向，人員數量就可能萎縮了，人力資源部門又要開始不斷的與員工簽署離職合約。所幸大家慢慢開始習以為常了，也沒有太大驚小怪。另外就是覺得公司的管理體系沒有跟上，各種流程都沒有，所以很多時候效率並不高，只能靠不斷加班來解決。公司管理層也面臨很大壓力，必須完成一個又一個的里程碑，包括一輪又一輪的融資、新產品的上市、新業務的調整，好想喘口氣，但是競爭對手並不允許，所以就只能繼續保持這樣的狀態。

以上是虛構的兩個職場人士和所在企業的情況，請勿對號入座。但其實也不是真正意義上的虛構，這是我將培訓和諮詢過程中的典型案例結合之後的職場和團隊狀態的素描。我把第一種情形描述為「溫水煮青蛙」，看似平靜的外表下隱藏著無奈，沒有太強烈的消極情緒，但缺乏熱情和動力；另一種情形像是隻「受傷的獵豹」，動力強勁，但同時也承受很大的壓力，急躁且緊張，似乎總是在一種戰鬥的狀態。

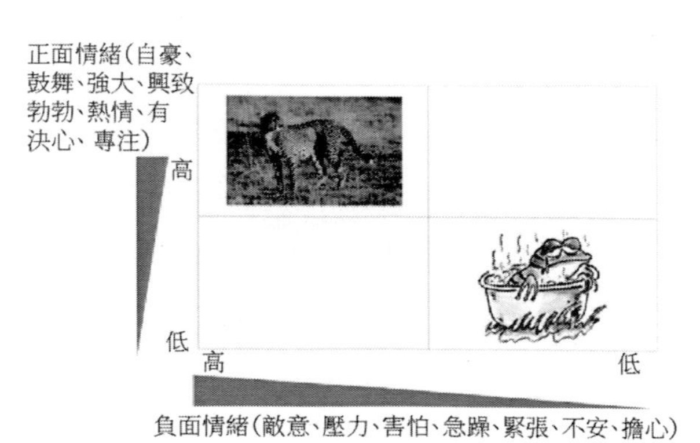

圖 1-1　職場困境

我們從宏觀的數據來看看職場人士的心理健康及工作狀態情況。《職場心理健康調研報告》收集了 11,032 份的有效樣本，報告顯示資訊如下。

· 心理健康：有三分之一的人有憂鬱傾向和過度工作，超過五分之一的人有身體方面的症狀，包括眼睛疲勞、容易疲倦、記憶力下降、入睡困難／睡眠不深及頸椎／腰椎疼痛。個人幸福感約為三成，而且有所下降。
· 工作狀態：近四分之三的高層管理人員和三分之二的中層管理人員工作很投入，但只有不到或略高於一半的普通員工和基層管理人員是投入的。有離職意願的員工比例很高，高層管理人員高達六成，中層管理人員高達七成，其他層級員工的比例更高。
· 壓力感受和工作壓力來源：從 2011 年的 42%逐年上升至 44%，前三個的主要來源是工作不確定性、個人發展受限和動力匱乏。

2016 年一家研究機構對 2,157 名職場人士進行了一次心理健康調查，數據顯示職場人士的心理健康堪憂，67%的人認為自身存在心理疾病，5.6%的人已查明患有心理疾病。近八成的職場人士飽受焦慮煎熬，約六成的人有不同程度的憂鬱、強迫和不幸福感。

這些調查顯示，我在諮詢和培訓的過程中遇到的情況，並非個例，而是相當普遍。總結起來就是：焦慮、不確定、動力匱乏、工作投入不高和疲憊。

***

如果我們以一種更寬廣、鳥瞰式的方式來觀察和思考，就容易理解為什麼會產生這個情況。過去的十幾年，對於職場經理人和企業，是個最好的時代，也是最具挑戰的時代，經濟和社會領域變化劇烈，職場經理人的工作和生活環境也在發生重大的變化。

表 1-1　經濟變化領域和主題

經濟變化	變化主題（部分）
科技	網際網路、物聯網、大數據、雲端運算、新能源、人工智慧、區塊鏈
產業	低附加價值行業的轉型；三高（高汙染、高耗能、高耗水）企業去產能；文化創意、教育、醫療產業快速成長；行業週期波動劇烈
企業性質	跨國公司錯失成長機會；中資企業快速崛起（進入世界 500 大的中國企業從 2000 年的 9 家成長到 2017 年的 115 家）；獨角獸公司成長迅猛
商業模式	「網際網路 +」、共享經濟、O2O、P2P；對於眾多傳統行業產生深遠影響
人才和組織	合夥人制度、產品經理制、敏捷團隊、自由工作者快速成長、大眾創新和創業

很多一度被視為「寶典」的東西不斷被打破：「企業只要專注於自身內在的優勢就可以基業長青」，隨著柯達的底片被數位相機和手機所取代，而被打破。「大型企業依靠規模和品牌就可以高枕無憂」，隨著摩托羅拉、東芝、Nokia 等企業的衰落，而被打破。「取得高學歷或是國外 MBA，進入外商或是大型企業，職業發展就平步青雲了」，隨著很多大型企業所受的衝擊及就業市場的變化，而被打破。「只要我工作努力，隨著時間的推移和經驗的累積，就會沿著公司的職級階梯得到逐步的晉升」，隨著公司管理層不斷年輕化及管理層級不斷扁平化，而被打破。一位經理人說：「我突然意識到，最近的 10 年裡，很多我過去學的和認為正確的東西好像都不適用了。」

更有甚者，隨著人工智慧的發展，Alpha Go 打敗了李世乭和柯潔，無人駕駛汽車成真，越來越多的人開始意識到和擔心許多重複性的工作將被人工智慧取代，有預測稱到 2030 年，五成的現有工作將不復存在。變化的速

度並沒有下降的趨勢，未來會有更多的不確定性。

除了應對工作上的變化外，職場人士還要應對生活上的挑戰。「工作上沒有保障，我希望在生活上總要有個保障，」有一位職場女性這樣說道，「可是生活方面要操心的事情也很多，房價波動這麼大，不知道未來會怎麼樣；父母身體也不太好，總是會擔心醫療保障的問題吧；現在要考慮孩子上學的問題了，不知道能進什麼學校。」

***

快速變化意味著更大的壓力。對於壓力帶來的影響，美國史丹佛大學的生物學和神經學教授羅伯．薩波斯基（Robert Sapolsky）有一個非常生動的例子。他說，假如你是一匹斑馬，在草地上吃草，突然發現一頭獅子在盯著你，你開始沒命的奔跑，在這奔跑的三分鐘裡，你的壓力非常大。三分鐘後，要不你就被吃掉，要不你就繼續很放鬆的吃草。對於斑馬，壓力就是三分鐘的事。然而對於人類，不是這樣的，我們雖然不必為性命時刻擔憂，但卻不停的擔心這個操心那個，身心都感覺到龐大的壓力。我們有太多需要擔心的事情了，工作上，我們擔心企業如何保持競爭力，如何盡快完成業績指標，如何更快獲得職位升遷；生活中，我們希望有非常充分的財力保障，希望孩子保持競爭力，希望在沒有壓力的環境中生活。我們無時無刻不在擔心和給自己壓力。

無論是急性還是慢性的壓力，都需要我們調動和消耗大量的身體和心理資源。當參加一次重要的面試，或是初次的上臺演講，會產生急性壓力。這時我們的消化系統、免疫系統、身體機能修復系統等與應對壓力無關的系統，都會減緩甚至停止，讓出更多資源來應對壓力，這就是為什麼在面試或演講前後，很多人心跳加快、食欲不好、需要不停上廁所等等。所幸的是，一旦急性壓力解除後，身體和心理功能可以盡快恢復到基本狀態。

慢性壓力帶給我們更大的困擾和問題。慢性壓力的強度也許沒有急性壓力大，例如要求我們在兩個星期內進行研究，並準備一個行業報告。面對慢性壓力時，我們的心跳也許不會達到面對急性壓力時的每分鐘 130 次的程度，然而，我們依然會將免疫系統、消化系統、身體機能修復系統放緩，以分配更多的資源給大腦來解決問題，長此以往，身體相關功能長期處在較低的狀態，帶來心血管相關的疾病，更有甚者，釀成過勞死的悲劇。

過度的壓力對於身心健康的危害不容小覷。

***

壓力對於企業也有重要的影響，最直接的影響要素之一是員工的工作投入度（Employee Engagement）。眾多研究顯示，員工投入度是企業發展的關鍵指標之一。

壓力和工作投入度對於企業內不同層級的人員有不同的影響。一般來說，企業的高層和中層管理人員承擔的壓力大，工作投入度也高；普通員工和基層管理者的工作投入度，很大程度上取決於管理帶來的壓力，我們稱為工作外源壓力，如主管作風強硬，團隊內溝通不順暢，獎罰不公平等的程度。工作內容本身所帶來的壓力，我們稱為工作內源壓力，例如高工作負荷度、高複雜程度，以及工作中的變化和挑戰等，反而會促進員工的投入度。

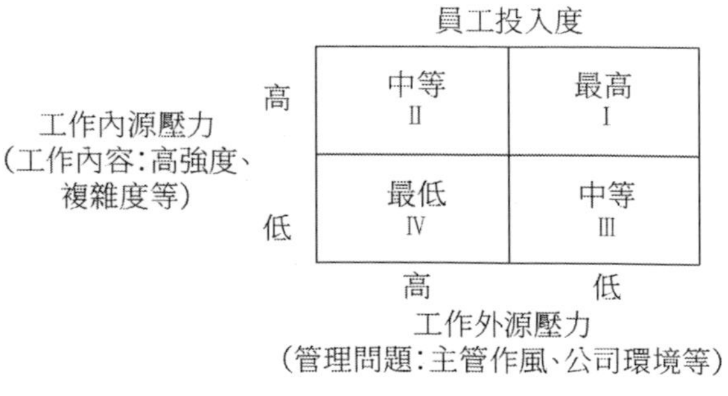

員工投入度

工作內源壓力（工作內容：高強度、複雜度等） \ 工作外源壓力（管理問題：主管作風、公司環境等）	高	低
高	中等 II	最高 I
低	最低 IV	中等 III

圖 1-2　員工投入度和工作壓力

雖然高層和中層管理者的工作投入度和抗壓能力強，但很容易陷入一個高工作投入的陷阱，也就是高工作投入導致工作超負荷和身心的過度消耗。而一旦他們認為任務或責任超過自己的承受能力，或者自己無法達成高績效時，所受到的負面影響更大，包括突然感到缺乏動力、信心突然消失等焦慮或憂鬱的表現。近年來出現越來越多這樣的案例，一些平常看起來性格開朗、工作特別努力和投入的高階管理者，突然憂鬱甚至是自殺。

對於高層和中層管理者來說，真正的挑戰是，如何可持續性的應對工作內源壓力，同時透過自身的領導和管理能力，降低變化過程中員工的工作外源壓力。但更多的情況是，管理者在應對快速變化時，慌了陣腳，自己不停加班工作，同時不斷進行團隊調整，內部管理沒有跟上，加上缺乏與員工的有效溝通，如果恰巧企業的業務沒有如預期獲得進展，團隊上下瀰漫著慌亂和焦慮的氣氛，工作的內、外源壓力都很大，也就是落入了圖 1-2 中象限Ⅱ；或者是管理者自身也喪失了信心，不斷降低業績目標，不給自己和團隊增加壓力，但隨著企業的業務發展越來越落後，這種管理的問題也逐漸暴露出來，落入圖 1-2 中象限Ⅲ或象限Ⅳ。從宏觀角度看，在過去的十年間，一些優秀的高科技和網路企業在業務發展中不斷完善管理，從象限Ⅱ走向象限Ⅰ，員工和企業都得到了很好的發展；而一些大型的跨國企業，則逐漸喪失了領導力和管理上的優勢，從象限Ⅰ進入到象限Ⅱ或象限Ⅲ，或者是從象限Ⅲ滑落至象限Ⅳ。

慌亂而無效的努力

在面對快速變化帶來的龐大壓力下，我們在工作和生活中都進行了許多嘗試和努力，雖然在工作和生活中分別採取了不同的措施，但有共同的特點。

在工作中，我們希望盡快的完成盡可能多的任務，因為「如果我們可以完成更多的任務，就可以應對快速的變化了」，我們讓自己忙起來，一天安排七、八個會，回覆上百封郵件；一邊跟別人打電話，一邊在回郵件；不斷縮短甚至犧牲吃飯和休息的時間；即使是週末或是假日，我們的心思也在工作上，很少能夠真正的休息和放鬆下來。

我們可能制訂很多項工作計畫，也許每一項剛開始看起來都很合理和必要，但在實施過程中，卻經常一個也沒有完成。雖然隱隱約約知道哪些是必要和關鍵的事項，但一想到這些工作的難度，我們就開始迴避，透過調整或是增加新的工作任務，來讓自己繼續忙起來。

我們還擔心錯失最新的發展趨勢和熱門話題。我們出席各種行業會議、論壇、沙龍、俱樂部，以及討論會等，只要是有熱門的議題，例如人工智慧、區塊鏈等，無論是否與我們的業務相關，我們都參加，生怕錯失了重要的資訊，或者是又錯失了一個風潮。

在領導、管理團隊方面，我們也希望盡可能的嘗試新的方法和概念，從賦能管理到事業合夥人，對於新的理念和模式我們都希望試試，期望碰到神丹妙藥，說不定一下就能解決問題。如果效果並沒有達到期望，就接著換一個方案。畢竟，有這麼多的方法和理念可以嘗試。

工作之餘，我們還希望多學一點知識，增加一些能力。一方面，身邊的朋友們似乎都在學習，不學習就跟不上大家；另一方面，自己又確實覺得有很多知識需要去了解。我們不斷的購買最新的付費知識產品，雖然對於某領

域知識並不會去深入了解，但感覺只要聽到了這些概念，就會更安心一些。

我們把這種知識的焦慮也傳遞給我們的孩子，我們希望孩子可以在未來的「叢林世界」中保持優勢，無論是讓孩子去參加各種才藝班還是透過 App 來學習，讓他們具備越多的知識和技能總是好的。

我們也會關心身心健康，畢竟沒有健康就沒有事業的基礎。我們會參加一些有益身心的活動，例如茶會、遊學等等。參加活動時是有放鬆的效果，但我們逐漸的發現還是無法解決內心的焦慮，於是我們反而可能更緊張。

我們工作和生活中努力的共同特點是「多、忙、快」，希望做更多的事、學習更多的知識、更快的獲得效果，但結果卻往往與初衷背道而馳。做得雖然多，雖然忙，但卻沒有抓住關鍵點；了解到的知識概念雖然很多，但沒有深入內化，並不能進行真正的應用。結果是，雖然很努力，但卻沒有成效。

一位任職於市值兆的企業的高階管理者，這樣形容工作和生活的努力，「我覺得就像是吃了仙丹一樣，不停的讓自己忙起來，恨不得一天能有 25 個小時來用。我要不停的開會和拜訪客戶，如果哪天我不忙的話，心裡還會有慌張的感覺。以前確實做出了一些成績，但現在好像碰到了問題。我想找回以前的狀態，但一直沒有找到，我希望透過忙起來讓自己做到，但這次好像不行，這種情況讓我更加緊張了。我也跟同行、朋友聊，大家好像都很擔心，我現在都開始懷疑自己是不是年紀真的大了、能力跟不上了，以前可從來沒有這種情況」。

與「多、忙、快」相反的方式是「少、閒、慢」，聲稱「我已經放下了」。對工作的熱情減退了，對同事和下屬的要求放鬆了，對出現的問題也沒有那麼認真了。企業家開始沉迷於打高爾夫或是茶道，公司高階管理者一邊工作一邊盤算假期出遊，普通員工則投入遊戲或朋友交際。這樣的狀態也無法為內心帶來持續的滿足和平靜。

我們可能並不是一直在同一種狀態裡，而是來回變換。一位企業家這樣描述：「我已經在這兩種狀態（『多、忙、快』和『少、閒、慢』）徘徊好多年，一直沒有找到好的解決方案。跟我的狀態一樣，我的企業這些年也沒有大的起色。」

在快速變化而帶來的壓力下，我們可能太過於匆忙去解決問題，或者是在經過一段時間的努力後，發現沒有效果，乾脆放棄了努力，我們從「受傷獵豹」的陷阱跳入「溫水青蛙」的陷阱。那麼，在這之外，有沒有第三條道路？有沒有一種平靜、穩定而又積極的方法，來擁抱這些變化？這不但關乎職場人士自身的福祉，也關係到其所在企業的發展壯大，還關係到所在企業的員工、家庭、社區、客戶、供應商的生活狀態。有沒有一種讓人既獲得幸福，又取得成功的方式？

超越困境之道

從 1990 年代開始，微軟在個人電腦時代快速成長，成為當之無愧的霸主。然而，在過去的 10 多年裡，微軟卻錯失了很多機會，進入了類似「中年危機」的階段。微軟並不是不努力，相反，它非常努力的去抓住個人電腦之後的每一波技術浪潮。微軟早在 2001 年就提出了平板電腦的概念，隨後又推出 Bing 與 Google 競爭搜尋市場，還聯手 Nokia 進軍智慧手機，進而洽談收購 Facebook……然而，這些努力並沒有獲得成效，微軟的影響力在逐步下滑。在這期間內，不僅僅是管理層在嘗試各種努力，也要求員工不斷努力，保持競爭性。每到業績考核期，經理們要對各自團隊的成員評分，團隊中一定要選出一定比例的「績效不良者」——不是跟獎金無緣，就是直接走人。微軟在慌亂中掙扎，卻難止頹勢。

如果你這時成為 CEO，你會怎麼做呢？ 2014 年 2 月，薩蒂亞．納德拉

（Satya Nadella）接任史蒂芬．巴爾默（Steve Anthony Ballmer）成為新的 CEO，他將改造公司文化列為首要任務。在他的《刷新未來：重新想像 AI ＋ HI 智能革命下的商業與變革》一書中，他說道：「微軟為什麼存在？我為什麼擔任這個新的角色？這是任何一個企業中的任何一個人都應該自問的問題。我擔心的是，如果不問這些問題，不真實回答這些問題，我們可能會延續之前的錯誤，甚至會失去真誠。每一個人、每一個團隊乃至每一個社會，在到達某一個點時，都應該點擊更新 —— 重新注入活力、重新激發生命力、重新組織並重新思考自己存在的意義……只要做得正確，只要人和文化重建、再生了，那麼結果就是復興。」

薩蒂亞邀請了正念專家麥可．哲維斯（Michael Gervais）對高階管理團隊進行了正念訓練，並請每個人分享了自己個人愛好和人生哲學。從此高階管理團隊的角色開始發生了變化，每一位主管不僅僅是微軟的員工，還有更崇高的使命，即在微軟釋放自己的熱情，進而賦能他人，讓他更有能力，享有更大的自由。

結合文化和業務的轉型，微軟上演了一次出人意料的「大象跳舞」。自 2014 年以來，微軟的市值翻倍，除了傳統的軟體領域的競爭優勢，在雲端運算和人工智慧等領域也獲得了很強的競爭力。員工對 CEO 的認可度從 44% 上升到了 93%。

不僅僅是微軟，越來越多的企業和職場人開始進行正念訓練，用於面對壓力，振奮精神和拓展領導力。正念成為新形勢下領導力發展的核心。帕瑪．米歇爾（Palma Michel）和傑米．里昂（Jamie Lyon）在《首席財務官和其他首席高管 —— 面向 21 世紀的領導力》白皮書中指出，「為應對當前環境，各種不同的領導力模式應運而生，包括中心平衡式領導力、正念領導力、共鳴領導力、真誠領導力、整體領導力，以及適應型領導力等，不一而足。所有這些不同領導力模式的共同主線則是正念」。2015 年 1 月 8 日

《哈佛商業評論》的一篇文章〈正念真的會改變你的大腦〉中指出，「對於管理者來說，正念不應被認為是錦上添花的，而是必須的：保持大腦健康，支持自我管理和有效的決策能力，並保護不受有害的壓力影響」。

***

無論個人還是企業，要超越困境，實現蛻變，都是一個艱鉅的挑戰。這個過程會面對挫敗和不確定性，要求我們具有很強的心力；這個過程需要依託我們真正的使命和價值觀，才能保持真誠，激發自己和他人的熱忱；這個過程需要我們對現在和未來有清晰的認知，有寬廣的視野，才能帶領自己和他人脫離困境，進入更好的領域；這個過程會涉及與自己和他人的關係，需要培養關懷心才能悅納自己和他人，實現改變；對於領導者來說，這個過程需要激發的不僅僅是自己的潛能，還需要激發他人的潛力，才可以真正賦能於團隊和企業。

這些領導力和能力的培養，與正念訓練相輔相成。在後續的章節裡，我會介紹相關的理論和研究，證實正念訓練有助於這些能力的培養。基於正念，並整合了上述領導力的核心內容，我提出了如下的正念領導力的發展框架。它不僅僅是一個構想，還具備發展工具和方法。

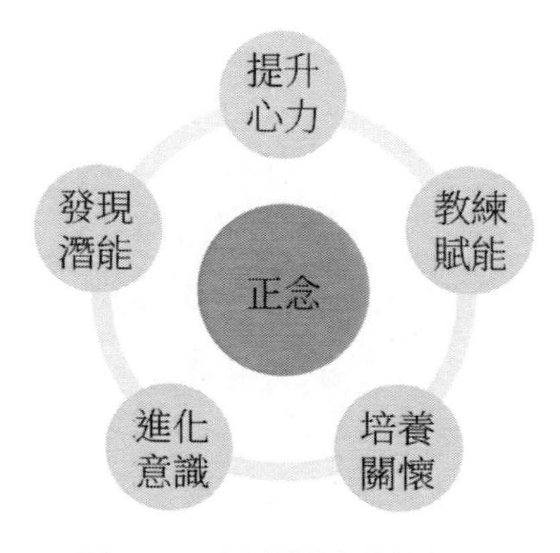

圖 1-3　正念領導力發展框架

在後續章節，我邀請你從理論、研究到實踐的各個層面，來探索正念領導力的各個模組內容。你會發現，許多卓越的領導者已經在實踐這些原則和方法，許多研究成果在不斷證實其有效性，並嘗試深入了解其背後的機制和原理。我最期待的是，你可以自己嘗試這些方法，體驗它的作用，和我共同開啟正念領導力的蛻變之旅。

培育正念覺知——如何開發被忽視的內在資源，鍛造真正的掌控力

能將潰散的注意力一次又一次收回來的能力，是形成判斷力、品格和意志的根本基礎。如果一個人沒有這種能力，他就不能成為自己的主人。能夠提高這種能力的教育，就是最卓越的教育。

——威廉·詹姆士

什麼是正念覺知？

「那是一個非常大的浪，有好幾層樓那麼高，而我就從那麼高的地方摔了下來。有那麼幾秒，我的大腦一片空白。隨後我恢復了意識，周邊一片黑暗，恐懼充滿了我的身體，但接著我告訴自己要保持冷靜，要有清晰的判斷，然後我隱約看到了光線，朝著那個方向游了上去，也就是在我頭頂兩三公尺的地方，我浮出了水面。我發現周邊有很多岩石，難怪水下很多地方很黑。」世界著名衝浪運動員克里斯（Chris Bertish）說道，「後來，我知道有一些衝浪運動員死在那裡，並不是因為水下有漩渦，而是看不清楚，因此感到恐慌。我很幸運。」

這是我在 2016 年 5 月參加在紐約舉行的正念商業會議上聽到的最激動人心的演講。克里斯是來自南非的著名衝浪好手，擁有在開放海洋水域以站姿衝浪的 12 小時和 24 小時的距離紀錄。他用 93 天徒手划槳橫渡了大西洋，是世界第一個完成了長達 6,517 公里獨自航行的人。他所募集到的近 600 萬美元，主要用於為南非貧困兒童提供食物的午餐基金（The Lunchbox Fund）、微笑行動（Operation Smile）和署名希望（Signature of Hope）專案。

為什麼正念商業會議會邀請克里斯來演講？克里斯的求生經歷裡所提到的，在面對黑暗時保持冷靜和清晰的判斷，與正念是什麼關係？到底什麼是正念？

正念有很悠久的歷史，是心靈修行的主要方法之一，特別在佛學上有很系統化的訓練方法。在 20 世紀中期傳到了西方，逐漸發展為心理學最重要的概念和技術之一，英文為 mindfulness，已廣泛應用於心理治療、教育、企業管理及領導力發展等領域。本書所闡述的正念以近年發展的 mindfulness 為主，它不是以下內容：

· 宗教信仰
· 清空念頭
· 正向思考
· 僅僅是放鬆
· 控制呼吸的訓練

最近的 10 年，正念發展大有「山雨欲來風滿樓」之勢。2012 年，正念和正念領導力的議題進入世界經濟論壇；2014 年 2 月 2 日《時代週刊》的封面文章為〈正念革命 —— 在壓力和多重任務文化中發現專注力的科學〉；誕生於 Google 公司的正念 EQ 課程成立了獨立的機構「探索你內在的領導力學院」（Search Inside Yourself Leadership Institute）在全球推廣正念；與正念相關的論壇不斷湧現，包括以「正念、意義和智慧」為主題，每年吸引超過 2,000 人到矽谷參加的智慧 2.0（wisdom 2.0）會議、正念商業論壇及正念領導力高峰會等；甚至有一本刊名為《正念》（Mindfulness）的雜誌。

近年來，將正念帶到世界主流的關鍵人物之一是喬．卡巴金（Jon Kabat-Zinn）博士。他將正念定義為「有意的、不做評判的專注於當下，而升起的覺知」。英國的「正念行動」（The mindful initiatives）組織則這樣闡述：「正念最好被理解為類似語言學習一樣的人類的一種與生俱來的能力；一種使人們帶著開放、好奇，以及關心的態度，去專注於他們當下所體驗的自身及周圍環境事物的能力。」

從這兩個定義可以看出正念的兩個核心要素：

· 注意力
· 態度

注意力：新時代最重要的資源

21 世紀是知識經濟的時代，我們不僅是知識的生產者，也是消費者。作為生產者，我們習慣於多任務模式，經常同時進行好幾個專案或任務；作為消費者，有大量的資訊和產品推送到我們的面前。多任務工作在搶占我們的注意力，而大量的資訊在誘惑我們的注意力。這導致我們的時間極度碎片化，久而久之，我們專注力下降，對碎片資訊上癮，例如不自覺的過幾分鐘就要查看手機，來獲取最新資訊或消息。

我們工作的有效性，很大程度上與能否集中注意力有關。正如老師和家長經常教育孩子一樣，「集中注意力在課堂上，不要不專心」。現在工作場所中也應該提倡「集中注意力在工作內容上，不要思緒渙散」。但要做到這一點，並非易事。在我參加的一次培訓課堂上，當老師問到學員目前的正念狀態時，一位資深的總監說：「很抱歉，因為在參加這次課程之前，有一件事還在處理中，所以我沒有辦法投入到課堂裡。」這是我們很常見的狀態：在每週例會時考慮與會議內容不直接相關的事情，比如處理一個很棘手的員工離職問題；在與一位「不那麼重要的」下屬交談時，思考如何填寫預算，或是還在為上司 2 小時前的責罵而心神不寧。我們經常被一些「緊急的」或是「重要的」事情所分心，不能完全投入當下的工作。

21 世紀也是娛樂經濟的時代，各種娛樂資訊、八卦頭條、遊戲等透過不同的管道推到我們的面前，借助於大數據的工具，這些娛樂恰到好處的滿足不同人群的胃口，對於喜歡緊張刺激的人，有《玩命關頭》這樣的電影；對於文藝一點的，則有《理性與感性》。這些在豐富了我們精神生活的同時，也在搶占我們稀缺的注意力資源。

缺乏專注是個普遍的現象。2010 年 11 月發表在《哈佛公報》的文章〈一個注意力不集中的心是個不快樂的心〉，報導了哈佛大學心理學家馬

修．基林斯沃思（Matthew Killingsworth）和丹尼爾．吉爾伯特（Daniel Gilbert）的研究：對 2,250 人進行了研究和資料收集，透過 iPhone 手機收集了 25 萬個數據點，發現人們在 46.9%的清醒時間中，心思並不在他們所進行的事情上。

注意力缺失首先帶來的問題是在情緒方面，也就是不快樂。在上述的針對注意力缺失問題的研究中，馬修．基林斯沃思和丹尼爾．吉爾伯特還收集了人們的幸福感數據。在說明研究結論時，基林斯沃思說：「是否容易注意力不集中，能很好的判斷一個人的幸福感。事實上，我們有多頻繁的分心，比我們實際上所從事的事情，能更好的決定我們的幸福感。」當我們一邊過馬路，一邊看手機時，並不是一個愉悅的經驗，只是我們對於手機的內容缺乏說「不」的能力。

注意力缺失顯然會影響工作的效能。我們都能體會到工作時不專注帶來的影響，一會打個電話、一會看看郵件、一會再針對不同議題發表意見，一天下來看似忙碌，卻沒有什麼真正的成效。

注意力缺失的一個更大的隱性損害，是缺乏深度思考和深度體驗，無法形成洞見，也無法將資訊和知識內化為能力。在我們充滿焦慮的不斷獲取新的資訊和知識的時候，可以反思一下諾貝爾經濟學獎得主、美國管理學家和社會經濟組織決策管理大師赫伯特．西蒙（Herbert Alexander Simon）的話：「在一個資訊豐富的世界裡，資訊的豐富意味著缺乏其他東西：注意力的稀缺。資訊消費是顯而易見的，它消費了資訊接受者的注意力。因此，大量的資訊造成了人們的注意力不集中，並且需要有效的在這種大量的資訊資源中分配注意力。在資訊高速發展的時代中，注意力的價值將會超過資訊的價值。」諾貝爾生理學或醫學獎得主、神經科學家埃里克．坎德爾（Eric Kandel）則從神經科學的角度來進一步說明：「只有當我們特別關注一項新資訊時，我們才能把它和記憶中業已存在的知識進行系統和深刻的連結。」

這種連結對於掌握複雜的概念來說是必不可少的。但在現實生活中，我們不斷受干擾和分心，我們成為簡單的訊號處理器，各種混亂資訊快速進出我們短暫的記憶，我們的大腦不可能形成強烈而廣泛的神經連結，進而也就不可能進行深刻而獨到的思考。從表面看，我們可以迅速的從一個網頁瀏覽到下一個網頁，在處理郵件的同時接聽電話，我們似乎更「快」了，然而，研究卻發現：注意力的這種迅速轉換，即使非常熟練，也會導致人們的思維不夠嚴謹和更機械化。

現在，是時候開始關注我們稀缺的注意力資源了。

態度：第三種選擇

要做到時刻專注於當下的最大挑戰，其實來自對當下的態度。假如當下時時刻刻都是「美好的」，那麼要保持專注應該不是什麼難事。但如果是一件很「乏味」的事，比如每天一樣的早餐、例行的業務處理，要投入注意力就很不容易。而更大的挑戰來自於一些不情願去面對的情況，比如：替一個績效不好的員工做出回饋、與一個憤怒的客戶交談、中止供應商的合約、進行一場艱難的商業談判。一個很矛盾的現象是：在這些情況真實發生的當下，我們無法去專注的面對，而在它們尚未發生之前的很長一段時間，我們的思緒卻被它們所占據。

以下是一個經常發生的工作場景：一個部門總監在處理郵件，一個負責銷售的高階經理臉色蒼白走進辦公室，語氣無力且低沉的說：「有個不好的消息，一個潛在的重要客戶剛才來電說不跟我們簽合約了。」部門總監簡單的了解了情況，因為再過 20 分鐘有個跨部門的會議，所以決定在此會議之後，與這位高階經理開會詳細討論。這個潛在客戶對這位部門總監能否達成業務目標，有很大的影響，這個壞消息對於他來說，是一個中等的突發情況。部門總監的腦子裡塞滿了許多與這件事相關的想法，譬如「可能會是什麼原因導致客戶不簽約呢？」「還有什麼辦法可以挽回呢？」「業績完成不了怎麼辦？」「有什麼其他方案嗎？」「現在開發其他客戶還來得及嗎？」「公司會如何看待這件事？」「今年的獎金可能泡湯了，家庭財務情況會怎麼樣？」「這個高階經理勝任這份工作嗎？」……在接下來的跨部門會議中，雖然這位總監的理智告訴他，現在應該集中注意力在當下會議的議題上，但總是時不時的陷入那個突發情況的思緒中。與會的人也注意到了他的魂不守舍，這個會議並沒有達到預期的效果。到了與高階經理開會的時候，部門總監已累積了一肚子的怨氣和負面情緒，雖然表面沉著，耐住性子聽了具體的情況匯報，但中間不住的打斷經理發言，而且不時責備這位經理。

為什麼「理智告訴我應該停止這個思緒，但時不時又陷入進去？」思緒似乎有它自己的生命力。如果把一個我們不想要的思緒比喻為敵人，這是一個很狡猾的敵人；如果我們採取的是進攻策略，「不去想它，把這個想法趕走」，它似乎會暫時離開，但過一會又悄悄出現，大有「野火燒不盡，春風吹又生」的感覺；如果我們採取的是逃避策略，任由這個思緒占領，很快就會覺得不能承受了，有一種「天要塌下來」的感覺，接著我們可能又會採取進攻策略，「不去想它」。

除了進攻和逃避外，有沒有第三種選擇？有沒有可能面對它，與它共處，成為它的朋友？有，這方法就是以不偏不倚和「不評判」的態度，面對不想要的思緒。這種方式類似「和平共處」的策略：不迎合也不糾纏，不給這些思緒更多的能量，這些思緒也就逐漸失去了它的生命力。

所謂好和不好的思緒，其實都是我們自己想法的一部分，所以對於我們不想要的思緒的接納，也是在培養對我們自己的接納和慈愛。一個很好的比喻是如何管理好一個花園：在沒有管理的時候，充滿了雜草。如果我們僅僅想方設法除去雜草，如鋤掉或是壓上石頭，過不了多久，這些草又會雜亂無章的長出來。但如果我們專注於細心照顧花和樹的種子，漸漸的，這些花和樹就會成長起來，成為花園的主人，而草則成了陪襯，成為美好花園的一部分。

「不評判」、「接納」與「正向思考」，不是完全相同的。正向思考是非常好的方式，但如果簡單粗暴的要求自己或他人一定要「正向思考」，卻往往無法達到期望的效果。這是因為，簡單粗暴的要求「正向思考」時，包含了對不好的思緒的否定、壓抑或逃避，所以容易陷入「我精神渙散了，我不應該這樣;我要專注，怎麼連專注都不會？我要專注！不好……怎麼回事，連這麼簡單的專注都不會？我就是不行」這樣的惡性循環裡。另外一個現象就是透過對「正向思考」進行的突擊式訓練，剛開始幾天覺得充滿了正能量，有一種似乎無所不能的感覺，但很快又回到原來的狀態。

「不評判」、「接納」的方式雖然不是「正向思考」，卻會帶來更加積極正面的情緒。在正念領導力工作坊中，聽到的很多回饋是「一旦我接納了原來我不想要的情緒時，反而一下輕鬆、平靜了許多，原來沒有我想像中的那麼可怕。我體會到了一種新的愉悅」。

回到我們的典型的工作場景裡，在跨部門會議中，當部門總監的思緒開始陷入失去潛在客戶的擔心中，一旦部門總監覺察到這個分心，他如果採取的是不評判並接納這個擔心和分心，不與這個擔心和分心糾纏，然後把注意力拉回到當時跨部門會議的內容裡，就能夠有效的專注於會議，不但可以把會議進行得富有成效，同時也可以更加平靜、理智的與負責銷售的高階經理處理客戶的事情。

***

除了從注意力和態度這兩個核心要素去理解正念之外，還可以從肯塔基大學心理學教授露絲·貝爾（Ruth Baer）提出的五個方面的建構來理解正念。

1. 覺察：覺知當下的狀態，（認知、軀體感覺、想法、情感）；不被分散注意力。
2. 描述：能用語言來描述或標記我們的信念、評價、情緒、期待。
3. 有意識的行動：對當下的行為有覺知，不分心。
4. 不評價：對我們自己的體驗不評價。
5. 不反應：能覺察我們的情緒，而不對其反應或做調整。

這幾個方面能幫助我們更具象的了解什麼是正念。

正念的作用

在了解了正念的概念後，似乎會有一點困惑：「正念不就是讓我們更加專注嗎？我覺得我的專注力還可以，正念還能幫我什麼嗎？為什麼《哈佛商業評論》上會說，『對於管理者來說，正念是必須的』？正念的作用是什麼？」

正念的第一個直接作用是提升專注力，這個在正念的核心要素中已經有所呈現，所以很容易理解。正念的第二個直接作用是提升開放度：當我們不加評判的去覺察我們的內部（想法、情緒等）經驗和外部環境時，這種「不評判」的態度，讓我們可以獲取更多的資訊和觀點，減少我們自身的經驗、知識和判斷帶來的局限，有利於提升我們的開放度。正念的第三個直接作用是自我覺知：當我們在覺察自己的內部經驗時，我們是以一種「觀察者」的角度來「看」自己，這就是在訓練我們的自我覺知。

提升專注力、開放度及自我覺知，這三個直接作用疊加在一起，就會發生非凡的催化作用。很多人最直接的體驗是在情緒方面，正念帶來平靜、降低焦慮、提升情緒和幸福感。在第三章「提升心力」中，我們將詳細說明正念提升情緒的機制。如果概要的說明，那就是「當我們對於包括正面和負面在內的所有情緒都保持開放時，就逐漸降低了負面情緒對我們的影響。而透過自我覺知的提升，我們可以發現深層的、影響我們情緒的慣性認知模式，從而更主動的管理情緒」。而另一個更長期、更深遠的作用，是正念帶來價值體系認知和意識的提升，我們將在第四章「發現真北」和第五章「進化意識」中詳細介紹。簡單的說，那就是「透過專注和開放度的訓練，可以把我們的自我覺知提升到一個新的維度，從而發現哪些是我們真正重要的使命和價值，哪些是我們意識中的盲點」。正念是自我管理、自我提升的有效工具。

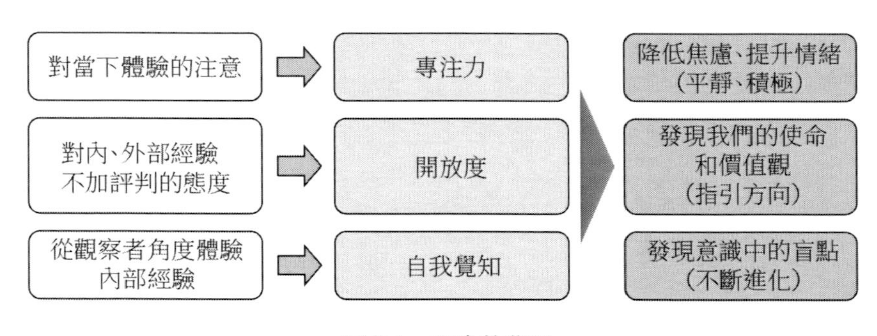

圖 2-1　正念的作用

我們還可以從改善系統的角度，來理解正念對自我管理和自我提升的作用。加州大學洛杉磯分校醫學院教授、正念覺察研究中心創辦者、第七感研究中心創始人丹尼爾·席格（Daniel J. Siegel）認為，我們的心（mind）是一個複雜的自組織系統。當我們說到「自己」的時候，其實並無法指出什麼是自己，我們身體的某一部分並不是自己，甚至我們整個身體也並不是自己，我們也不能說我們的記憶、知識和經驗就是自己。我們雖然無法指出什麼是自己，但可以理解為我們是一個由所有這些組成的系統。

正念是改善這個自組織系統的最好方式之一。首先，我們的系統（心）總是在追求確定性，在某個程度上，這當然有它的需求，因為這是確保系統能夠生存下來的重要方式，所以，系統時刻在預期下一刻會發生什麼，以準備應對。可以說我們的系統是個隨時在預測的系統，而預測的根據則是以往所發生的事情。既然系統的基本設定是要確定性，所以對於如何擁抱不確定性是需要去努力學習和練習的事情。正念專注於當下並且不加評判，其實就是去收集當下的資訊，並且透過不加評判的態度，去讓系統能夠不陷入或者說超越過去的模式。這就是在不斷練習讓系統擁抱不確定性。其次，作為一個複雜系統，它不是一個簡單的內部平衡，它容易產生內部失衡。比如，一方面系統要求秩序、穩定；另一方面也追求新奇、樂趣，我們經常在這兩個方面失衡，不是太過於壓抑、太過於緊張，就是太過於混亂。另一個容易失衡的維度是理性和情感的方面，忽略了情緒的需求和訊息，就是被情緒所控制，失去判斷力。正念有助於整合系統的各個部分，使它回到自然的平衡狀態。

我們的系統也在不斷的學習新的方法和技能，以更好的解決不確定性帶來的新問題，例如學習數理化、學習演講技巧、學習邏輯分析和推理等，學習知識和發展能力是提升人的應用系統，類似於電腦中的 Office 軟體，而正念則是提升人的基本操作系統，類似於電腦中的 Windows，是 Office 的運行平臺。丹尼爾．席格把正念比喻成一次「清潔」的過程：「我們每天都要刷牙以此來保持牙齒的清潔。同樣，我們也應該保持正念練習，來保持大腦的清潔。」

正念是擁抱不確定性的自我管理方法。

正念的神經科學研究

我們提到正念的這麼多好處，有什麼樣的研究來證實？

近年來，在對大腦的工作原理和認知方面有重大突破的一門科學是神經科學（neuroscience）。它又稱神經生物學，是專門研究神經系統的結構、功能、發育、演化、遺傳學、生物化學、生理學、藥理學及病理學的一門科學。諾貝爾獎得主埃里克．坎德爾（Eric Richard Kandel）認為，21 世紀對於心智的研究，堪比 20 世紀對基因的研究。他說道：「心智的生物學研究並不只是前景遠大的自然科學探索，也是一種重要的人文方面的追求；它架設起自然科學和人文科學之間的橋梁，這是一個新的整合，其成果將不僅使我們更好的認識神經、精神疾患，也將加深我們對自身的了解。」

神經科學的一個非常重要發現是神經可塑性（neuroplasticity）。神經可塑性顯示，大腦由神經元細胞和神經膠質細胞構成，這些細胞互相連接，透過加強或削弱這些連接，大腦的結構可以發生改變。

2016 年科維理神經科學獎由美國布蘭迪斯大學的伊芙．馬德（Eve Marder）、美國加州大學舊金山分校的麥克．梅策尼希（Michael Merzenich）和美國史丹佛大學的卡拉．沙茲（Carla Shatz）共享，以表彰三位科學家為「發現經驗和神經活動重構大腦功能的機制」的研究所做出的貢獻。直到 1970 年代，大多數神經科學家仍然相信，在人類進入成年階段後，大腦結構就會定型，靈活性相對較差。此前科學家認為，神經的生長能力和形成豐富的新連接的能力，主要發生在嬰兒期和兒童期。這一觀點支持了人們常說的一種概念——兒童在學習語言、樂器等新技能時會比成人更容易。然而，在過去 40 年，這三位科維理神經科學獎得主勇於挑戰這些「定論」，他們用科學方法證明，成人的大腦遠比此前想像的更靈活，更具有可

塑性，或者說，能夠進行重構。每位科學家致力於不同的模型系統，主要研究在適當的刺激和環境下，經驗如何改變整個生命週期的神經迴路的結構與功能。

神經可塑性最重要的啟示，是我們一生之中都可以透過訓練來進行自我發展和完善。這不再是一個心靈雞湯式的口號，而是一個事實。

我在正念工作坊中，經常半開玩笑的說：「神經可塑性把我們偷懶的最後的一個藉口給消除了。我們再也沒有藉口說，『因為我們老了，所以沒辦法改變了』。」

近年來，神經科學在正念和冥想方面的研究發展迅猛。2004 年，發表在世界權威的基礎科學學術雜誌之一的《美國國家科學院院刊》的文章〈長期冥想打坐者在精神練習時自發產生高幅度同步伽瑪波〉指出，長期冥想者有更強的伽瑪波，而伽瑪波參與注意力（集中）、記憶、學習、和意識形成等過程。這個研究引起了廣泛關注，甚至發展出一個新的學科，「冥想神經科學」。需要說明的是，神經科學，特別是「冥想神經科學」仍然很年輕，目前很多的研究還待進一步發展和完善。

在 2015 年 4 月的權威科學雜誌《自然評論——神經學》(Nature Reviews Neuroscience) 發表的〈正念冥想的神經科學〉中，對於相關的正念神經科學研究進行了總結分析。

注意力控制

注意力包括三個要素，術語為：

1. 警覺
2. 定向
3. 衝突監控

簡單說就是：

1. 正在注意什麼
2. 應該注意什麼
3. 怎樣把注意力轉移到應該注意的地方

在不同的研究中，都發現了正念在這三個要素方面的不同程度的正面效果。

2014 年 11 月，三位冥想神經科學領域的帶領者在《科學美國人》發表的文章中，展示了正念專注冥想過程中的大腦的活動過程，更深入了解其中的機制和效果。研究人員透過實驗，鑑定出了認知循環的四個階段：注意力分散階段、意識到注意力分散階段、重新集中注意力階段及恢復專注階段。這四個階段周而復始。

這四個階段都涉及特殊的神經網路。認知週期的第一階段，即冥想者注意力分散時，大腦預設模式網路 DMN（Default-Mode Network）的活動就會增加。DMN 涵蓋面頗廣，包括如下區域：內側前額葉皮質（medial prefrontal cortex）、後扣帶皮層（posterior cingulate cortex）、楔前葉（precuneus）、頂下小葉（inferior parietal lobule）及外側顳葉皮層（the lateral temporal cortex）。目前已知的是，DMN 在冥想者注意力不集中時會被啟動，在建立和更新人們的內心世界時發揮廣泛的作用（人們的內心世界是基於自我和對他人的長時記憶）。

在第二階段，冥想者意識到注意力分散，大腦的活動區域轉移到其他腦區，如前腦島（anterior insula）和前扣帶皮層（anterior cingulate cortex），也就是所謂的突顯網路（salience network）。突顯網路可以調控導致我們注意力分散的主觀感受，在冥想期間，在調度神經元集合的活動方面發揮關鍵作用，比如把注意力從 DMN 轉移到其他地方。

認知循環的第三個階段涉及另外兩個腦區：背外側前額葉皮層（dorsolateral prefrontal cortex）和外側頂下小葉（lateral inferior parietal lobe）。它們可讓注意力離開任何讓人們精神渙散的外部刺激，幫助冥想者重新集中注意力。

在第四個階段中，位於前額之後的背外側前額葉皮層活動增多，這通常顯示注意力已經成功集中在某一對象上，比如呼吸。

在與注意力相關的大腦結構中，有幾個區域在正念冥想過程中得到了改善，包括：

· 前扣帶皮層 Anterior Cingulate Cortex（ACC），它能夠發現資訊處理時的衝突，從而來控制注意力。它就像一個時刻警惕的媽媽或老師：「又開始想樂高了，學習要專心啊！」「又想出去踢球，現在是數學作業時間。」訓練良好的 ACC 就像是大腦裡功能強大的監控器，不會等到失神了半天才發現問題。

· 背外側前額葉皮層 Dorsolateral prefrontal cortex（DLPFC），它與高級思維、注意力和短時記憶高度相關，也是認知控制的最重要腦區之一，一旦這一腦區受損，就不能進行認知控制，只剩下本能反應。它是大腦最遲發育完全的一個區域，也是在晚年時最先衰退的一個區域。

情緒管理

正念練習首先促使腦島更發達，這帶給我們更強的情緒覺知力，有助於情緒管理。同時，正念練習有助於縮小杏仁核及減少杏仁核與大腦其他區域的連接，幫助我們減少被情緒控制的情況。在第三章「提升心力」中，我們將更詳細的介紹情緒相關的神經科學及正念的作用。

自我覺知

DMN，即大腦預設模式網絡，在自主運行時，大腦消耗的能量是有意識的工作狀態下的20倍，這時，人們更容易思前想後，也更容易投射自我到外界，就是我們常說的「以自我為中心」。

研究顯示，正念練習者的DMN活躍度較低，有更客觀和更好的自我覺知。

你的正念狀態如何？

正念注意覺知量表（MAAS）可用於測量正念程度，如下：

請您根據下列等級評定每句話，把最符合您真實情況的等級數字填在右邊處。

（1＝總是；2＝經常；3＝有時；4＝偶爾；5＝幾乎沒有）

	1	2	3	4	5
．我可能會在某些情緒持續一段時間以後才意識到它					
．我可能會因為不小心、沒有注意，或是在想別的事情從而打碎某些東西					
．我不能把注意力集中在當前發生的事情上					
．通常我會走得很快，而根本沒有意識到走路過程中有什麼樣的感覺					
．如果身體的緊張或不適沒有嚴重到一定的程度，我是不會注意到它們的					
．如果別人第一次告訴我他（她）的名字，我會很快就忘了					
．我好像是在自動做一些事情，完全沒有意識到在做事情					
．通常，我完成任務時沒有全心全力的投入					
．我太專注於所追求的目標而忽略了過程					
．我總是在無意識的情況下，機械的工作或完成某項任務					
．有時我在邊聽歌或聽他人講述事情的時候，同時又在做另外的事情					

· 有時我會有一些自動化的想法冒出來，但是過一會又不知道為什麼會有這樣的想法					
· 我會過分的專注於未來或過去的事情					
· 有時候對於自己所做的事情，自己也沒有注意到					
· 我吃東西的時候，總是狼吞虎嚥，而沒有細細品味					

對於正念程度的衡量，目前沒有相對統一的標準。根據我的教學經驗，3 ～ 3.5 為中等程度，3.5 ～ 4 為比較良好的狀態，4 以上為優秀。

如何展開正念練習？

有一個好消息：正念練習很簡單。

常見的正念練習如表 2-1 所示。

表 2-1　正念練習

	靜	動
相對固定的對象	正念呼吸、身體掃描、觀念頭	正念行走
無固定的對象	開放性知覺訓練	正念漫步

正念呼吸：

顧名思義，正念呼吸是以呼吸為對象，全然的將注意力放在呼吸上的練習。時間可長可短，從最簡單的 3 個正念深呼吸到約 1 個小時的練習都可以，一個常見的 10 ～ 15 分鐘的練習指引如下。

首先以放鬆而警覺的姿勢安頓下來。

你可以輕鬆的坐在凳子上或是坐在地面的墊子上。

挺直後背，放鬆肩膀，微微閉上雙眼。

（短暫停頓，比如半分鐘）

接下來，回到呼吸的自然節律上。請關注自己的鼻孔，感覺氣流是如何在這裡一出一進。覺知你的吸氣、呼氣，以及兩者之間的停頓。
（長停頓，比如 3 分鐘）
如果你感到自己注意力不集中或是分心了，只需要察覺它，放下它，然後將注意力再次溫柔的帶回到呼吸上。
（長停頓，比如 3 分鐘）
隨著對呼吸的關注，你可能會注意到身體的某些地方更加放鬆，某些地方還有不必要的緊張。隨著你的呼吸，你可以允許身體安頓下來。
隨順你的呼吸，允許身體和心都安頓下來。
（長停頓，比如 3 分鐘）
如果你願意，透過邀請喜悅的內在平和出現，來結束這次正念練習。

身體掃描：

就是去覺察身體每個部位的感覺。通常可以躺下來練習。15 ～ 45 分鐘身體掃描的練習指引如下：

請躺在舒適的墊子或者床鋪上，可以閉著眼睛練習。雙手平放在身體兩側，雙腳自然張開。留意身體躺在這裡的感覺，覺察身體與床鋪或地面的接觸。
現在，請將注意力放在腹部，感覺吸氣的時候，腹部的擴展，吐氣的時候，腹部的收縮。讓心專注在呼吸，感覺呼吸。
現在將注意力集中在雙腳，讓注意力的聚光燈照著腳和腳踝，盡可能覺察這部位的所有知覺，如果你覺察不到腳上的感覺，沒有感覺也是一種感覺，這很正常，我們不需要故意產生感覺，只要如實的觀照已經存在的身體現象。
現在慢慢將注意力擴展到小腿、膝蓋、大腿，讓雙腿成為覺察的中心，接

著將覺察延伸到臀部、骨盆腔、下背部、下腹部，然後沿著軀幹往上延伸到胸口、背部、肩膀，觀照這裡所有的感覺。

現在把注意力轉移到左手臂、右手臂，再延伸到頸部、臉部、頭部，最後全身都安頓在覺察當中。感覺身體自然真實的狀態。現在請將覺察帶到身體中央，觀照呼吸的時候腹部的感覺。

可能會發現自己又分心了，開始胡思亂想，做白日夢，或擔憂什麼事情，或者感到無聊或不安。這些現象都很正常，沒有任何不對。因此，不用責備自己，只要覺察一下心跑到哪裡去了，然後很溫柔的將注意力帶回呼吸上就可以了。

呼吸一直都在身體深處，回到呼吸可以讓自己沉穩下來，讓心安頓。

現在，覺察自己躺在這裡，吸氣的時候想像氣息充滿全身，呼氣的時候氣息從全身呼出去。

現在，放下對呼吸的覺察，純粹躺在這裡就好了。

感覺身體自然的面貌，回到身體就像回家一樣。

我們的生命本來就是圓滿俱足的，安住在身心 —— 自然的整體，安住在當下的圓滿寬廣中。

觀念頭：

就是帶著開放、好奇、善意的態度去觀察我們的想法、念頭、情緒等。這個練習的具體方法包括 4 個步驟。

1. 注意（Notice）：注意到有一個想法、情緒的存在。
2. 命名（Name it）：替這個想法或情緒命名。如果擔心下週的某項工作進展，可以簡單命名為「擔心」；做白日夢，想到自己中樂透，可以簡單命名為「臆想」。你可以根據自己的喜好去命名，沒有限制，簡單、自己喜歡就可以。

3. 隨著它（Let it be）：看看是否可以隨著這個想法或情緒的自然起伏，而不是去壓抑或迴避。通常這些想法或情緒會自己平靜下來。
4. 呼吸（Just breath）：放鬆的把注意力放在呼吸上。

具體的練習引導如下（10 ～ 15 分鐘）。

首先找個放鬆而警覺的姿勢安頓下來。 你可以輕鬆的坐在凳子上或是坐在地面的墊子上。 挺直後背，放鬆肩膀，把自己想像成為寧靜而穩定的一座山。 （短停頓，如 1 分鐘） 把注意力放在呼吸上。覺知你的吸氣、呼氣，以及兩者之間的停頓。 （長停頓，如 3 分鐘） 接下來，帶著開放和好奇，去覺察你的想法和情緒。仍然保持對呼吸的覺察，呼吸就像是內心的家，讓心不會漂流得太遠。 讓注意力繼續安放在呼吸上。 如果覺察到一個想法，你可以給它一個名字，比如「擔心」、「想工作」、「做計畫」。不需要去控制它，帶著善意觀察它。 輕鬆的把注意力放在呼吸上。 （長停頓，如 3 分鐘） 如果你感到自己太分心，而且想把注意力安放在呼吸上，可以把手放在肚子上，這樣可以幫助你更容易去覺察呼吸。 （長停頓，如 3 分鐘） 現在，以放鬆的心情結束練習，把注意力帶回來。

開放性覺知：

是對任何覺知的事物保持覺知，類似於「我覺知到我覺知到了……」，訓練的是開放的注意力。一些初學者剛開始時可能會摸不清頭緒，但隨著練習次數的增加，會逐漸體會到更強的覺知力。這個練習可以從正念呼吸開始，之後再轉入開放性覺知練習。

練習引導如下（5～10分鐘）。

首先找個放鬆而警覺的姿勢安頓下來。
你可以輕鬆的坐在凳子上或是坐在地面的墊子上。
挺直後背，放鬆肩膀，把自己想像成為一座寧靜而穩定的山。
（短停頓，如1分鐘）
把注意力放在呼吸上。覺知你的吸氣、呼氣，以及兩者之間的停頓。
（長停頓，如3分鐘）
現在進入開放的注意力，去覺察你當前所覺知的任何事物，如環境的聲音、溫度的變化、看到的事物、任何的情緒。
你所覺知到的任何的對象都是覺察的對象。
（長停頓，如3分鐘）
現在，以放鬆的心情結束練習，把注意力帶回來。

正念行走：

就是在行走中進行正念練習。可根據當時的環境而採用直線來回或環形來回的方式：直線來回是沿著一條長而直的道路，十公尺左右最好，從一端走到另一端。當走到路盡頭時轉身回來繼續行走。感覺疲累時，可在道路的一端站立停留休息，然後繼續進行正念行走。環形來回是沿著一個大環形道路從容步行，方法與直線道路一樣。

練習引導如下：

> 從站立不動開始練習。首先關注身體，將注意力集中在腳部，注意腳底與地面接觸的感覺。
> 現在，往前邁一步，專注的抬起一隻腳，覺察腳是如何向前移動的，然後專注的放下腳，覺察身體的重心是如何轉移到這隻腳上。短暫停留，換另一隻腳開始。
> 注意行走中腳的抬起、移動、放下，注意腳部、小腿等部位的各種感覺。
> 行走中保持自然的呼吸，不加控制。
> 當轉身時，全然的轉過去。
> 正常呼吸的時候，步伐可以比平常慢一點，但也不用太慢。如果你願意，可以保持步伐和呼吸協調一致。抬腳的時候，吸氣，向前邁步的時候，呼氣。

正念漫步：

與正念行走的練習類似，培育在行走中保持覺知力。同時也可以採取開放性覺知練習中的原則，除了在行走中保持對身體的覺察，還可以保持對外部環境，比如森林裡的樹木、陽光、溫度、氣味等的覺察，以及對情緒和想法的覺察等。

對於初學者來說，可以從在優美的自然環境中進行正念漫步練習開始。

有幾個常見的與正念練習相關的問題：

問題 1：正念與冥想是什麼關係？它們有何異同？

- 冥想泛指「精神的訓練」，所以它包括不同的訓練方法，比如瑜伽冥想、腹式呼吸冥想、咒語冥想，以及正念冥想等，從這個角度，冥想比正念的範圍更廣。而正念指的不僅僅是一種訓練，也可以指一種狀態，

一個特質，或是一個能力，它所涵蓋的範圍比冥想的更多。

- 除了在少數科學研究類的文獻資料以外，人們並不會非常嚴格的去選擇用詞，所以可能會出現正念與冥想互用的情況。為了力求準確，本書在引用研究資料和引言中，盡力保持原有的詞彙，將正念和冥想區分出來。

問題 2：怎麼知道我是做對了還是做錯了？怎麼知道我有沒有進步？

這是一個極其重要的，也非常自然的問題。在傳統的管理學教學裡，有一句話叫「What you measure is what you get」——你衡量什麼就會得到什麼。在一定程度上，這是一個非常有效的辦法，比如公司的財務情況、客戶滿意度、研發投入的比重、員工流失率等等。但同時，我們也應該了解到量化管理的局限性，有一些要素，如企業文化、價值觀，這些對於企業的長期發展至關重要，但到目前為止，尚未有非常有效的量化工具。這個情形同樣適用於正念練習。

對於初學者，相對普遍的情況是「希望能夠百分之百的按照指引去完成」。這種想法再正常不過了。在學開車時，方向盤、油門、剎車、車燈、檔位，我們都想問問教練如何去完成每一個部分的細節動作，生怕沒做對。對於剛踏入職場的畢業生，剛開始上班的幾天，也是不知該如何表現，一臉茫然。所以，在正念工作坊中，有些學員會問：「坐姿有什麼要求？手要怎麼放？」有些學員太過於專注聽指引並要求自己做得絲毫不差，甚至表示「我都不知道該怎麼呼吸了？」

在初學階段，第一個指導原則就是「放鬆的去做」，而不要太在意是否「做對」。正念練習與學開車的最大區別是，正念練習的差別主要在有效性上，也就是好的練習能夠帶來更有效的正念覺知程度的提升，但不會出現類似「把前進檔當作倒車檔」這樣的錯誤，即使是不有效的正念練習也不會帶來害處。所以，重要的是去享受正念練習過程中探索所帶來的驚喜。

在正念工作坊中，在做第一次正念呼吸之後，通常有如下幾種不同回饋：

1.「我發現原來我的思緒很亂，根本沒辦法專注。」
2.「很平靜、很放鬆，都快睡著了。」
3.「我想像呼吸像一朵白雲，想像身體飛起來，那個感覺很美妙。」
4.「感覺心更靜了，也更敏銳了，可以注意到原來沒有注意的東西，比如空調的聲音。」
5.「沒有什麼感覺。」

這裡引出正念練習的第二個指導原則，「無論你的練習體會如何，只需要繼續按照指引放鬆去做」。這是因為一方面每個人的正念練習體驗會差別很大；另一方面，同一個人在不同時期的練習感受也會有很大差別。那是否就意味著不需要在課堂中去分享練習的感受呢？分享感受有什麼作用嗎？將練習的感受分享給正念老師，最重要的作用是他／她可以給你直接的回饋和針對性的建議，而這也是刻意練習能夠快速獲得進步的關鍵。

針對第 1 種「發現我的思緒很亂」的情況，其實是特別好的學習收穫。一位非常資深的老師曾經說過：「我應該給這個發現一個獎章，因為這表示你了解和接受了自己思緒很亂的事實，而在此之前，你可能並沒有真正的理解和接受這個事實。這可能會是開啟你深入去進行正念練習的一道門。」但同時，從學員的角度，與這個經驗相關的想法可能是：「正念練習感覺也很一般嘛，也沒有為我帶來降低壓力、平靜這樣的感覺，它的作用可能被誇大了，要不就是我不太適合練習正念，還是算了。」這種想法可能會阻礙學員去進一步深入探索，所以正念老師需要把其中的原因和道理講清楚。

針對第 2 種「快睡著」的情況，首先應該肯定的是正念練習確實有助於睡眠，同時，正念老師可以說明正念練習的目標是提升正念覺知程度，可以練習去覺察睏意，或透過睜開眼睛來緩解睏意。

第 3 種「透過想像，感覺很美好」的情況，與第 1 種情況相反，雖然感覺很好，但並沒有按照正念練習的指引去將注意力放在呼吸上，而是任由注意力發散到一些聯想中，所以這樣練習並不能有效的提升正念覺知程度。

第 4 種「感覺到平靜、感官更敏銳」是在良好的正念狀態下的自然結果，這種良好的感覺是正念練習的一種回報，也會支持學員繼續練習下去。正念老師可以提醒學員不要被這種好的回報給束縛了，每次練習都可能有不同的體驗，不要去期待美好的體驗，而是讓它自然的發生。

第 5 種情況「沒有感覺」，首先是肯定這也是一種常見的狀態。如果把正念練習比喻為一次登山的旅程，那麼每次的 10 ～ 15 分鐘也許並不能體會到多大的變化，但經過一段時間之後，周圍風景豁然開朗，會突然發現自己有相當大的變化。正如一位學員的心得分享所描述的：

正念這門課程對人的幫助是潛移默化的，可能你並沒有刻意做什麼，但是不知不覺中從身體到思維都在發生改變，越來越展現正念的奇蹟。

正念練習是一種大腦心智的練習，其變化影響並不能像身體訓練，比如游泳、健身、跑步那樣有一種直接的比照。有一個方法是透過對照自己的狀態和常見的正念練習的不同階段的體驗，來進行了解。

真善（Shinzen Young）是一位著名的美國正念教師和神經科學研究顧問，在〈正念是什麼〉一文中，他描述了正念練習的 10 個不同階段體驗。

1. 「剛開始」：這個階段我們的主要練習是去了解該怎麼做及自己是否做對了。我們會陷入思考中，並且身體可能有些不適應（比如無法保持坐直的姿勢）。
2. 「得其形」：我們開始熟悉這些正念練習的形式，我們可以安頓下來並進行練習。我們可以覺察到不同感官經驗，而不太會被它們「帶走」了。比如，我們可以覺察到自己腦子裡的畫面，接著有自我對話，接著有情緒所引發的身體感受，接著又有畫面等等。

3. 「體驗明顯的變化」：我們開始覺察到這些經驗的「來」和「去」，比如，我們可以覺察到情緒（如憤怒）所引發的身體緊張的來和去（「緊張」和「不緊張」）。
4. 「體驗到細微的變化」：我們可以開始覺察到每種感官體驗的變化。比如，在情緒的身體感受方面，我們不但可以知道憤怒時身體的緊張，還可以覺察到緊張的強度的變化。
5. 「發覺底下的波瀾」：此時，我們不但可以覺察到每種感官體驗的變化，還可以覺察到這些變化其中的許多變化。比如，我們不但可以覺察到憤怒時身體緊張強度的變化，還可以覺察到這些變化中的眾多波動的升起和消失。

第6～10階段分別是：「有節奏的升起和消失」、「消失變得更豐富」、「升起變得更豐富」、「時間開始彎曲」和「在源頭起舞」。後面的階段主要是非常資深的正念練習者的體驗，普通的練習者很少能達到這些階段，有興趣可以參考其他資料深入了解。

問題3：這麼多練習，我應該從哪個著手？

一般建議先從「靜」和「相對固定的對象」，特別是正念呼吸開始。正念呼吸的好處是身體的「靜」可以減少干擾，相對容易去體驗對當下的專注。此外，專注於呼吸上，是一個很簡單的指引，容易上手。每個人都有呼吸，宛如隨身攜帶的工具，非常方便。

很多的練習方法，包括瑜伽、氣功、太極等，都特別強調呼吸。這是有科學根據的。呼吸與心理狀態是互相影響的，也就是說心理狀態影響呼吸，而同時，透過改變呼吸也可以改變心理狀態。2010年，比利時魯汶大學的Pierre Philippot教授進行了兩個研究：

· 第一個是記錄不同心理狀態下的呼吸模式（①膈式呼吸、胸式呼吸，還是兩者都有。②透過口部呼吸、鼻子呼吸，還是兩者都有。③頻率變化情況。④振幅變化情況。⑤是否有停頓），例如開心時、憤怒時、恐懼時或悲傷時，結果顯示不同的心理狀態有明顯不同的呼吸模式，而且這些模式即使在不同人之中有共性。這也很符合我們的直覺和生活經驗，當生氣時，胸悶、氣短；開心時，呼吸則很深，而且胸腔也很放鬆。
· 在第二個研究中，參與者被告知參與一項呼吸對心血管影響的研究。參與者要按照第一項研究中發現的不同的呼吸模式去進行呼吸，結果發現，僅僅是按照不同的模式去呼吸，參與者的心理狀態就發生了改變。

這些實證研究證明了呼吸與心理的相互影響關係。而最近，史丹佛大學的 Mark Krasnow 及其他研究人員進一步揭示了背後的機理。發表在 2017 年 3 月的《科學》雜誌的研究顯示，在腦幹（腦部除了大腦、小腦、間腦以外的區域，負責調節複雜的反射活動，包括調節呼吸作用、心跳、血壓等，對維持機體生命有重要意義）中有一小組神經元連接呼吸與心的狀態。研究者猜測這些神經元並沒有控制呼吸，而是持續的將呼吸的訊息傳遞給腦幹的其他結構，而後者將其傳遞給大腦的每個部位並進行「刺激」，例如將我們從睡眠中喚醒，及維持我們的警覺等。如果「刺激」過度，將導致我們的焦慮和苦惱。

這些研究再次說明為什麼呼吸對於身心健康是如此關鍵。

正念呼吸是一個可以隨時隨地去做的事，而且自身又是如此愉悅。我最喜歡的引導來自一行禪師：

· 正念呼吸，將平靜和諧帶入身體。
· 正念呼吸，辨識和擁抱我們的出息入息，就像母親回到家裡，溫柔的把孩子抱在懷裡一樣。一、兩分鐘後，你會驚訝的發現呼吸的品質改善

了。吸氣漸漸深長，呼氣漸漸緩慢，呼吸越來越安詳和諧。

· 吸氣，我覺知到入息變得深長。

· 呼氣，我覺知到出息變得緩慢。

當你留意到呼吸漸漸變得更安詳、緩慢和深長時，你可以把這份安詳、平靜與和諧的感覺送到全身。在日常生活中，我們可能忽視或沒有照顧好身體，現在正是回到身體這個「家園」的機會。覺知到身體的存在，重新認識和了解它，跟它做朋友吧。

呼吸變成樂趣，釋放身體的負能量。

這個簡單的練習對於工作會帶來非常大的幫助。對於我自己，印象最深刻的是呼吸如何幫助我成功完成第一次公開演講。那是 2012 年 4 月，我第一次代表公司在美國丹佛的一個國際會議上進行演講，用英文進行，時長 20 分鐘。一方面是對於公開演講，特別是用英文進行，缺乏經驗；另一方面，「代表公司」的責任進一步加大了我的壓力，這不僅關乎我自己的表現，也是公司的對外公眾形象問題。會議前，我進行了不下 10 次的演練，並用 iPad 錄製，對資料爛熟於心。即使如此，在正式演講的前 1 個小時，還是感到抑制不住的緊張和心跳加速。於是，我開始嘗試正念呼吸練習，逐漸的感覺到一種內在的平靜和增強的信心。在登臺後，第一件事是穩住呼吸，然後說出準備好的第一句話，接下來，我的注意力開始完全放在演講的內容上，心情也逐漸的放鬆下來。第一次的英文公開演講，雖然還有很多待改進之處，但透過正念練習讓我可以鎮靜的去面對，這本身就給了我相當大的信心和成就感。

正是因為強大而直接的效果，正念呼吸練習通常被作為一項基礎的練習。在習慣正念呼吸練習之後，可以再進行身體掃描、正念行走、開放式覺知等練習。

以上只是個普遍性的建議，每個人可以根據自己對不同練習的喜好去選擇。此外，不同的練習會帶來略微不同的效果。

德國一流研究機構馬克斯．普朗克學會（為紀念德國著名量子論創建者，物理學家馬克斯．普朗克而命名；共有 32 名研究員獲得諾貝爾獎）進行了一項研究，提供給初學者四種不同的正念和冥想練習：

· 正念呼吸
· 身體掃描
· 慈心練習
· 觀察念頭

研究顯示，這些正念和冥想練習帶來更多的正面情緒，更多精力，使人更專注於當下，並減少分心。同時，不同的正念練習也有其分別的針對性。

· 身體掃描：最有利於對身體的覺知，減少想法，特別是減少負面想法以及與過去和未來相關的想法。
· 慈心練習：最有利於提升對他人的溫暖和積極的想法，也最能提高自身的溫暖和積極情緒。
· 觀察念頭：最有利於提升對自己想法的覺察，並減少對他人的評判。

每個人可以根據自身情況，進行更有針對性的練習。

問題 4：有沒有與工作場所相關的正念練習？

諾曼．費雪（Norman Fischer）是美國最著名的禪師之一，曾任舊金山禪修中心的主持，並教導眾多的企業家和經理人進行正念練習。他設計了一些簡單，只須 1 分鐘，特別適合於工作場所的「迷你」正念練習，包括如下內容。

1. 三個呼吸

   A. 第一個呼吸時，全然將注意力關注在呼吸上。

   B. 第二個呼吸時，全然放鬆身體。

   C. 第三個呼吸，提醒自己，「現在最重要的是什麼？」

   這個練習在以下的工作場景中會有特別大的幫助：

   A. 重要談話前。

   B. 當有一些話激發了我們的強烈情緒時。

   C. 工作時開始有些分心，不自覺的想去看社群媒體和電話。

   D. 會議前。

   這個練習做得越多越好。我個人經驗是在每工作1個小時或是休息期間，包括起身去倒水、沖咖啡，或是上廁所時，都是進行三個呼吸的好時機。

2. 椅背法

   當我們準備坐下與同事、客戶或其他人開會前，把手放在椅背上，去覺察手與椅子接觸的感覺，然後讓這種感覺提醒自己，「對於這個會議或是對話，我的主要目的是什麼？」例如，當我們要給同事一個回饋建議時，我們的主要目的是希望他／她可以進步，做得更好，但也會擔心他／她聽到意見時會有失望、抗拒、不理解，甚至憤怒的情緒，所以我們可能會忘記我們的主要目的。在坐下前，花10秒的時間，讓心回歸到當下，回歸到我們的主要目的，將非常有利於會議的順利進行和這些意圖的實現。

3. 會議前的「到場登記」(check-in)

   在我們的日常工作中，會議占據了大部分時間。有一項統計，中階經理們花了35%的時間在會議上，而高階經理則會花50%的時間在會議上。高效率的進行會議對提升營運效能相當重要。影響會議效率的一個因素

是參與者的注意力並沒有在會議上，特別是在會議開始階段，與會人員因為手頭上都有不同的工作，所以注意力很可能還停留在原來的工作中。一個很普遍的現象是在會議的前 10 分鐘，與會人員三三兩兩在互相討論剛剛手頭上處理的、與會議無關的事情，或是對著電腦繼續處理事務。雖然與會人員的非正式交流對於促進相互了解有幫助，但在正式會議中這並不是有效的安排。

一個簡單、有效的方法是在會議開始時，會議主持人請與會人員一起進行 1 分鐘的「到場登記」（check-in）：邀請大家一起進行三個呼吸的練習（更簡單的方式是請大家放下手頭的事情，一起安靜的坐 1 分鐘，讓思緒沉澱一下），接著將注意力放回到本次會議上。這個簡單的 1 分鐘，快速有效的使與會人員的思路更清晰、專注，進而提高會議的效能。

***

讓我們回到本章的開篇問題，為什麼正念商業論壇會邀請衝浪高手克里斯來演講？克里斯在低潮時刻如何能保持平靜和清晰？當我們理解了正念的作用之後，也許自己就可以發現其中奧祕。

我們還可以從中華傳統的文化裡來理解正念的重要性。有學者這樣說：「《大學》裡所提倡的修身、齊家、治國、平天下，從修身，到齊家，到治國，到平天下，絕對不是線性思維。不是先修好身再齊家，家齊了再來治國，國治了再天下太平，不是這樣的。《大學》有一句『自天子以至於庶人，一是皆以修身為本』……所以《大學》裡的『學』很重要，學是『覺』，有人說這是佛教的影響，其實『覺』在佛教傳來之前就有了，就是『學，覺也』。學，不是掌握知識，不是掌握技能，主要是學做人，培養人格。」包括儒家在內的傳統文化，一直以來都在強調治心、培養正念覺知的重要性。

越來越多的人開始意識和體會到正念的好處和重要性。暢銷書《人類大歷史：從野獸到扮演上帝》和《人類大命運：從智人到神人》的作者、著名新銳歷史學家哈拉瑞（Yuval Noah Harari）在書的致謝中說：「感謝我的老師葛印卡（Satya Narayan Goenka），他教導我內觀禪修的技巧，使我能夠觀察事物的真相，更了解心靈和世界。如果沒有過去 15 年來禪修帶給我的專注、平靜及見解，我不可能寫出這本書。」

全球最大的避險基金，資管規模約 1,600 億美元的橋水基金的創始人雷·達利奧（Raymond Dalio）說：「我每天都要冥想 20 分鐘，除非那天特別忙。如果特別忙的話，我反而會冥想 40 分鐘……我從 1968 年或 1969 年開始冥想，它徹底改變了我的生活。當時我只是個普通、極其普通的學生（當時達利奧正在長島大學讀書），它讓我心思澄明，讓我獨立，讓我的思緒自由翱翔，它賜予了我許多天賦。」

我自己正是正念練習的受益者。在我從事正念教學工作之後，最讓我感到振奮和鼓舞的是，正念不但對我有用，也在其他人身上發生顯著的作用。我的正念工作坊學員回饋包括：

「當你看到變化真的在某個人身上發生的時候，那個為你帶來的信念是非常深刻的。原來改變是可以真的發生的！」

「我的狀態一旦調整之後，每一個瞬間好像都屬於自己，哪怕這件事情是我以前不喜歡做或是不願意接觸的，學習了正念之後，所有這些都沒有所謂的別人的時間。」

「在身體和思想層面都有了更深層次的覺察，那種感覺非常美妙！學到了特別簡單、實用、有效的方法，又非常深入的引發了我的覺察和思考。歡迎加入正念的隊伍，這裡充滿了智慧和愉悅！」

提升心力——如何建立領導者和企業新的競爭優勢，煥發生命力

每個人心裡都有兩匹狼。一匹狼叫邪惡，牠代表憤怒、嫉妒、愁悶、反悔、貪婪、驕傲、自憐、罪惡感、反對、仇視、欺騙、虛偽。另外一匹叫美好，牠代表喜樂、仁愛、和平、忍耐、恩慈、良善、信實、溫柔、節制、誠懇、關心、同情。哪匹狼會贏呢？你在餵食的那一匹。

——印第安諺語

新的競爭優勢：管理者的心理資本

2000 年 4 月，在辦公室裡，公司員工個個神情緊張，好像沒有重心似的，談論著如何找新的工作，如何與公司進行離職談判，這就是我當時所在的一家與阿里巴巴齊名的網路公司的真實情況。我當時所服務的公司於 1999 年 4 月成立，成功獲得了 3,000 萬美元的投資，同期的阿里巴巴只有 2,500 萬美元的融資。公司瘋狂擴張，3 個月內，從 100 人增加到 600 人，從 3 個城市辦公室擴張到 13 個，每個月的業務以三成的速度成長，並在美國設立了辦公室，準備在那斯達克融資 1 億美元。公司的業績管理每個月都定下指標，幾乎每個月都是一個商業戰役，員工大多處於緊張的狀態中，一方面對新的網路時代的到來充滿興奮和憧憬；另一方面也是將信將疑：這些真的能發生嗎？在網路上進行國際貿易？而當時網際網路剛剛起步，網路上只是能展示企業和產品的資訊，而公司宣傳的是全面的線上貿易，包括選擇產品、選擇供應商、貿易洽談、發貨、物流方式選擇、物流企業選擇、海關申報、檢驗檢疫申報、確認收貨、付款，以及客戶服務等所有步驟。現狀和設想中的模式存在著極大的鴻溝。當時，各種投資銀行的研究報告和媒體在熱烈的討論各種模式，從 B2B、B2C 到 C2C，B2B 又分為行業 B2B、跨國貿易 B2B，各種眼花繚亂的模式討論。

這一切在 2000 年 4 月那斯達克崩盤、網路股破滅時戛然而止。出現了各種媒體評論，諸如「歷史上最大泡沫破滅」、「網路經濟真的是有可行性的嗎」、「目前為止，網際網路還沒有找到營利模式」，從多頭到空頭只是一夜間的事情。我所在的公司開始採取各種應對措施，從裁員到管理層變更，辛苦了近半年後，如同眾多的創業企業一樣，銷聲匿跡了。

作為參與和見證網際網路發展的歷史潮流的一分子，我深深感受到創業核心團隊的各種不易，一方面是對未來模式大方向有一定的信心；另一方面是各種的未知、不確定、來自投資人的壓力，以及在短期之內上市的急切。遺憾的是，我們的創業核心團隊沒有足夠的心力來堅持度過這段困難並扭轉局面。

在面臨諸多的不確定性、大量的資訊干擾、團隊的擔心和疑問、龐大的生存和發展的壓力時，領導者的什麼能力和素養能帶領團隊走出困境？

用一個中文詞彙說，就是「定力」。用國外的學術語言說，就是心理資本。

著名的組織行為學專家、管理學教授盧桑斯（Fred Luthans）於2004年提出心理資本（Psychological Capital）概念。心理資本是企業除了經濟、人力、社會三大資本以外的第四大資本，在企業管理中，尤其是在人力資源管理方面，發揮著越來越重要的作用。心理資本的概念和理論給我們這樣的啟示，那就是管理者應該從心理學的角度拓寬管理視野，掌握幫助員工提升心理素質的方法和心理輔導的技術，引導員工以積極的情緒投入工作，從而激發團隊活力和熱情，促進工作績效提升。

表3-1　企業的資本

傳統的經濟資本	人力資源	社會資本	心理資本
有什麼	知道什麼	認識誰	自己是誰
· 財務資本 · 資產（廠房、設備、專利、數據等）	· 經驗 · 教育 · 技能 · 知識 · 思想	· 關係 · 聯繫網路 · 朋友	· 自我效能 · 希望 · 樂觀 · 韌性

心理資本包含以下幾個方面的內容。

· 自我效能：人們對於自己能夠完成某一特定任務的可能性的預估，通俗來說，就是自信。

· 希望：一個沒有希望、自暴自棄的人不可能創造什麼價值。

· 樂觀：樂觀者把不好的事歸結到暫時的原因，而把好事歸結到持久的原因，比如自己的能力等。

· 韌性：從逆境、衝突、失敗、責任和壓力中迅速恢復的心理能力。

對於企業而言，擁有出色的企業精神、團隊文化，心理資本優秀的管理者和員工，就具備了最有價值的核心競爭力。正是由於這個原因，使得很多卓越的企業敢說，你能挖走我的人，但你不能複製我的精神和文化！這些企業在自我效能、希望、樂觀和韌性方面都表現出色，就能在困難中發揮出定力的作用。

你可以按如下量表自測一下自己的心理資本。

下面一些句子描述了你是如何看待自己的。在右側欄中圈出相應的數字。

（1 ＝非常不符合；2 ＝不符合；3 ＝有點不符合；4 ＝有點符合；5 ＝符合；6 ＝非常符合。）

	1	2	3	4	5
自我效能 · 我相信自己能分析長遠的問題，並找到解決的方案 · 與管理層開會時，在陳述自己工作範圍之內的事情方面我很自信 自信 · 我相信自己對公司策略的討論有貢獻 · 在我的工作範圍內，我相信自己能夠幫助設定目標／目的 · 我相信自己能夠與公司外部的人（比如供應商、客戶）聯絡，並討論問題 · 我相信自己能夠向一群同事陳述資訊					

希望 · 如果我發現自己在工作中陷入了困境，我能想出很多辦法來擺脫出來 · 目前，我在精力飽滿的完成自己的工作目標 · 任何問題都有很多解決方法 · 眼前，我認為自己在工作上相當成功 · 我能想出很多辦法來實現我目前的工作目標 · 目前，我正在實現我為自己設定的工作目標					
樂觀 · 在工作中，當遇到不確定的事情時，我通常期盼最好的結果 · 如果某件事情會出錯，即使我明智的工作，它也會出錯 · 對自己的工作，我總是看到其光明的一面 · 對我的工作未來會發生什麼，我是樂觀的 · 在我目前的工作中，事情像我希望的那樣發展 · 工作時，我總相信「黑暗的背後就是光明，不用悲觀」					
韌性 · 在工作中遇到挫折時，我能夠從中恢復過來，並繼續前進 · 在工作中，我無論如何都會去解決遇到的難題 · 我能獨立應對那些不得不做的工作 · 我通常能對工作的壓力泰然處之 · 因為以前經歷過困難，所以我現在能挺過工作上的困難時期 · 在我目前的工作中，我感覺自己能同時處理很多事情					

心理資本的強弱直接影響工作業績。有一個經常被引用的研究是賓州大學心理學家，也被稱為積極心理學之父的馬汀．塞利格曼（Martin E. P. Seligman）對大都會人壽保險業務員的研究結果。在所有推銷行業中，平靜的接受拒絕是員工必不可少的能力。尤其是在推銷保險產品的時候，業務員碰壁的比例高得令人咋舌。也正是因為這樣，大約四分之三的保險業務員在3 年之內就放棄了這份工作。塞利格曼發現，天性樂觀的業務員在工作的前兩年賣出的保險產品比悲觀的業務員要多 37%。而在工作的第一年，悲觀者辭職的比例是樂觀者的兩倍。此外，塞利格曼還說服大都會人壽保險公司聘

請了一批特殊的應徵者，這些人的樂觀測試的分數很高，但沒有通過常規的篩選考試。這批特殊的保險業務員在第一年賣出的保險，比悲觀者多 21%，在第二年多了 57%。

樂觀者在推銷行業的成功，說明了樂觀是一種重要的企業心理資本。業務員受到的每一次拒絕，都是一個小小的挫敗。對挫敗的反應，是能否調動足夠的激勵繼續努力的關鍵。隨著被拒絕次數的增多，業務員士氣低落，再次撥打電話變得越來越困難。對悲觀者來說，被拒絕尤其難以承受，他們會解讀為「我是一個失敗者，我永遠也賣不出一份保險」。但樂觀者就不同，他們可能的解讀是「我的方法錯了」或者「那個人剛好心情很差」。樂觀者把失敗的原因歸結於具體的情景，而不是本人，因此他們再打電話時就會改變策略。悲觀者的心理暗示引發了絕望情緒，而樂觀者的想法卻孕育了希望的機會。

簡單的說，當我們的心理資本超過了外界的挑戰時，我們就可以引發變革、塑造未來。但如果我們的心理資本不夠強大，我們就只能是隨波逐流。用曾四度榮獲美國心理協會（APA）最高榮譽獎項的哈佛大學心理學博士、著名暢銷書《EQ》的作者丹尼爾．高曼（Daniel Goleman）的話來說就是：「一個人的成功，只有 20%歸諸智商，80%則取決於其他因素，其中最重要的是情商（EQ）。情商是決定成功與否的關鍵。」

情緒機制

心理資本的核心是如何提升我們的情緒管理能力。我們首先要對情緒、情緒的作用機制，及其神經基礎有一個基本的了解。

情緒構成理論認為，在情緒發生的時候，有五個基本元素在短時間內協調，近似於同步進行。

1. 認知評估：注意到外界發生的事件（或人物），認知系統自動評估這件

事的感情色彩，觸發接下來的情緒反應（例如，聽到一個重要潛在客戶拒絕銷售提案時，我們的認知系統把這件事評估為對自身有重要意義的負面事件）。

2. 身體反應：身體生理機能的自動反應，適應這一突發狀況（例如在上述事例中，銷售人員心跳加快、肌肉緊張卻似乎沒有力量，甚至有點想作嘔的感覺）。
3. 感受：體驗到的主觀感情（例如，此時，銷售人員主觀意識察覺到這些意外，自我評估為「失望」）。
4. 表達：臉部和聲音變化表現出正在發生的情緒，向周圍的人傳達情緒主體對一件事的看法和他的行動意向（例如，銷售人員的臉垮下來，垂頭喪氣）。
5. 行動的傾向：情緒會產生動機（例如，失望的時候可能希望自己安靜一會，平靜一下，或是希望找人傾訴，尋求安慰）。

這五個元素在短時間內發生，其實有先後，其中認知評估和身體反應及感受在前，而表達和行動傾向在後，是情緒反應的外在顯現。如果要改善情緒及其影響，還要從根源，特別是從認知和身體反應著手。

不同的人對於同一件事的情緒反應不一樣，是因為每個人都有自己的情緒認知模式

認知心理學家認為，造成情緒的直接原因其實不是外部事件，而是我們對事件的判斷。比如，奧運會上獲得銅牌的選手比獲得銀牌的選手更高興，前者慶幸自己獲得獎牌，後者則遺憾沒有拿到第一。瑪格達．阿諾（Magda Arnold）在 1960 年代最先提出，在外界事件發生後，大腦的邊緣系統會自動判斷這件事對我們是好是壞，根據事件定性，我們下意識的決定是喜歡還是厭惡這件事，因此產生情緒。情緒成為我們的動機，使我們接近或是避免

剛剛發生的事件。理查．拉薩魯斯（Richard Lazarus）對這個理論做了一點修正，他認為情緒的判斷過程分為兩步：我們首先判斷這件事對我們的重要性，然後判斷它是好是壞。每個人判斷重要事件的標準都不一樣，一般來說，會對以下要素造成影響的事件就是重要事件：健康、自尊、目標、經濟狀況、尊重和對自己重要的人。

從認知的角度看，之所以不同的人對於同一件事的情緒反應會不一樣，是因為人們對於這件事的認知是不同的。比如，當一位主管對下屬說：「中午到我辦公室一趟。」如果這位下屬的認知模式是「主管很重視我，是不是有重要的任務」，那麼，聽到這句話，這位下屬的情緒反應是積極的；但如果下屬的認知模式是「我總是做不好事情，會不會哪裡做錯了」，那麼，聽到這句話，這位下屬的情緒反應可能就會是擔心、惴惴不安的。

我們的心做為一個複雜系統是受到多方面因素影響的，對事物的認知也是一樣。比如說，如果你傍晚剛到家，家裡的光線有點暗，臥室裡有一條彎曲的領帶。你小時候被蛇咬過，在你推開臥室的那一刻，你可能以為臥室裡有條蛇。在那一瞬間，對於那一個平常被稱為領帶的物體，你的認知就是蛇。我們的認知受到過去經驗、記憶及外部環境等因素的影響。同樣的，當你打開燈，清楚看到那其實是一條領帶時，你對它的認知也就立刻發生了改變。

認知模式則是我們長期累積下來的，站在旁觀者的角度來看，似乎很容易看到這些模式的影響，但我們自己身陷其中而很難看到。我們的情緒認知模式幾乎無時無刻不在影響著我們。最常用的例子是如何看待半杯水，有的人看到的是「真好，有半杯水」，有些人看到的是「不好，怎麼只有半杯水」。當然，還有一種模式是「這裡有半杯水，好不好取決於當時的情況」。認知模式就像是我們隨時戴著的一副眼鏡，如果這副眼鏡是積極的，我們就可以看到更積極向上的世界；如果這副眼鏡是消極的，我們看到的世界就更灰暗一些。

之所以我們很難覺察到自己的認知模式，可以用心理學上的認知一致性理論來解釋。人有一種動力促使自己對客體產生一致的認知和行為，當認知不和諧時，人會出現不適感，進而試圖去減少它，減少不和諧，有選擇的去尋求支持訊息或迴避不一致的訊息。如果仍然無法調和，即認知失調，就會導致心理緊張。人為了解除緊張會使用改變認知、增加新的認知、改變認知的相對重要性、改變行為等方法來力圖重新恢復平衡。

關於認知的一致性要求和自我合理化的過程，我們日常最常見的例子就是如何看待抽菸的問題。一個人抽菸，他不是不知道抽菸對身體不好，但還是想抽菸。他的內心在掙扎，這種認知上的不一致令他充滿了壓力，於是他可能會採用以下一些合理化的過程。

1. 改變自己的認知：抽菸讓我保持清醒，這說明抽菸對身體好；抽菸讓我增加靈感，很多藝術家都抽菸。
2. 增加認知：是的，抽菸不好，但是我們沒有辦法避免所有的危險；抽菸讓我和其他朋友保持好的關係；抽菸是獨立人格的表現。
3. 減輕認知的重要性：抽菸對身體的影響也不是很大，但和朋友關係好是很重要的，有靈感是很重要的。
4. 批評自己未選擇的選項：不抽菸的話，我那些菸就浪費了。
5. 交流：和其他抽菸的朋友們交流，獲得支持。
6. 壓抑想法：抽菸對身體不好？你在說什麼我聽不懂。

經過這樣的合理化過程，雖然他知道抽菸不好，但對於抽菸的行為有了不同的認知。這種認知在其他人看來可能是不合理的，但對於他來說確實是合理、有其一致性的邏輯的 —— 如果不一致的話，他就會感受到壓力、焦慮或沮喪等情緒。由於認知模式的一致性，所以要改變不是容易的事情。

此外，認知模式幾乎是自動就產生情緒的，並不是說有一個緩衝時間去

選擇「該如何認知」，當下屬聽到「中午到我辦公室一趟」，他／她的情緒幾乎就是按照認知模式的作用馬上產生的，這個過程非常短暫，在沒有刻意訓練的情況下，很難被覺察到。

我們幾乎不可避免的會受到認知模式的影響，所以我們看待世界的方式，就幾乎無法做到客觀和全面。但如果我們可以不斷的覺察自己認知模式的局限性，就可以更趨近真實的世界，也就有了更大的智慧。

情緒腦不同於認知腦，做好情緒管理不能僅僅停留在「認知」層面

雖然認知模式很重要，但僅僅依靠認知的調節還不能解決所有的情緒問題。大腦中主要與情緒相關的部分叫邊緣系統，從人的側面看，它位於大腦的中部。大腦中主要負責認知的部分叫皮層，位於大腦的上部。大腦的不同部分有不同分工，但同時它們也是相互關聯的。簡單理解的話，就像是「理智與情感」，在這兩者沒有衝突的情況下，我們處在很好的狀態。在面對一些挑戰的時候，有時我們的理智戰勝了情感，但有時我們也會情緒爆發，喪失了理智。

邊緣系統中的兩個重要部分——杏仁核（Amygdala）和海馬迴（Hippocampus），隨著神經科學的普及，已經被很多人所熟悉。杏仁核（Amygdala），與情緒反應、記憶、決策等相關。它有調節內臟活動和產生情緒的功能，會引發心理壓力。當遇到緊急情況或是特別不想面對的情形，如上臺演講，心理學家會把這樣的情形描述為被杏仁核綁架了，這時就會回到原始人面對危險的狀態，大腦一片空白，進入逃跑——僵硬——戰鬥的模式，形象的說，進入了「當機」模式。邊緣系統的另一個重要部分，海馬迴（Hippocampus），則是形成長期記憶的必要部分。在倫敦國王學院神經科學家桑德琳·蘇瑞（Sandrine Thuret）的 TED（Technology Entertainment Design，簡稱 TED）演講中提到，在人類海馬迴內，每

天生長約700個新的神經元，這些新的神經元對於學習和記憶功能來說非常重要。在他們進行的神經元生成與情緒憂鬱相關的研究中發現，憂鬱的動物的神經元生成在較低的程度，如果給牠們服用抗憂鬱劑，增加了新生的神經元，憂鬱的症狀就減輕了。在邊緣系統中，還有一個部分是腦島（Insula），它與身體覺知、情緒處理、人際關係體驗相關。腦島像身體的哨兵，能夠覺察到情緒在身體上的反應。

位於大腦上部的皮層進化程度更高，控制著一些高級思維分析活動，而越往下越為原始，也越不受理性的控制。在多數情況下，我們的大腦皮層可以對邊緣系統進行有效的控制，也就是說我們的理性可以控制局面，但也有一些情況，情緒腦占了上風。這個神經科學知識，幫助我們進一步了解到我們日常生活經驗中的一個常識：有時候，光講道理（理性認知）是沒有用的。

丹尼爾．席格在《教孩子跟情緒做朋友》中，將情緒爆發分為兩個層次。一個是「上層情緒」，例如孩子決定發脾氣。他有意識的選擇行動，彷彿主動按下發脾氣的按鈕開始恐嚇你，直到得到他想要的東西。儘管他的表現很誇張，但他仍然可以隨時停止發火，特別是在你滿足了他的要求，或者提醒他繼續這麼做的後果的時候。他可以停止是因為當時他使用的是自己的上層腦，也就是理性思維，他可以控制自己的情緒和身體。另一個是「下層情緒」。當孩子變得心煩意亂，以至於根本無法使用上層大腦，這時爆發下層情緒。例如，當你臨時變卦，說不買給他／她一個你之前已經答應好的玩具時，孩子可能突然開始大哭或是亂扔東西，甚至要打你。這種情緒下，孩子大腦的底層部分，特別是杏仁核，接管並劫持了大腦，應激激素充斥著身體，大腦的上層幾乎不能正常運作，此時，孩子無法控制自己的身體和情緒，也根本無法使用高級的思維技巧，比如考慮後果、解決問題或者考慮別人的感受。

因為這兩種情緒爆發的程度和影響不同，處理它們的方式也應該不同。對待「上層怒火」，必須快速設立牢固的邊界，在情緒沒有失控成「下層怒

火」時快速解決。而對待「下層怒火」，則需要更多的耐心和安慰。選擇恰當的處理方式的前提，是我們能夠辨識出這兩種不同的情況。

在管理工作中，也應該採取類似的方法，但卻被許多經理人所忽略。沈先生負責房地產專案的施工管理，因為工期緊張，所以不允許有意外事件的發生。但偏偏就發生了一個突發事件。一天，施工過程中突然發現地下的一個水管被挖斷了，水不斷滲出來，影響工地施工。原來，施工圖中遺漏了這根水管的標記。這個突發事故導致了沈先生無法按期完成工作，他馬上陷入了緊張的狀態。繃緊臉部，語無倫次，身體僵硬，進入到了「下層情緒」模式。他馬上向上級報告。遺憾的是，他的上級並沒有保持鎮定和以解決問題為首要任務，也沒有幫助沈先生的上層腦重新運作起來，盡快解決問題，而是自己也陷入緊張和憤怒的情緒，開始責罵沈先生前期工作沒做好。沈先生和他的上級一併被杏仁核所劫持了，當然也就無法盡快找到解決方案。於是整個團隊陷入越緊張越沒有解決方法，越沒有解決方法越緊張的泥潭裡。等到沈先生和他的上級從「下層情緒」中走出來，開始理性思考解決方案時，已過去了大半天，工程仍停滯不前。

如果沈先生的上級能夠及時覺察沈先生已進入「下層情緒」，此時責備和憤怒沒有幫助，而應該把所有人的注意力導向如何解決問題，這樣危機處理不但會更有效，而且待危機處理後再來檢討事情的原因，也會產生更好的效果。

情緒是心理和生理的狀態，我們可以透過身體覺察情緒，還可以透過身體語言改變情緒

情緒不僅是主觀感受，也是客觀生理反應。情緒有客觀的生理基礎，這一個知識點很重要。在很多情況下，我們忽略了身體的感受，這就相當於忽略了一大半的資訊去解決問題，當然不會是最有效的。

大多數人都可以理解強烈情緒的生理反應，比如緊張時的口乾、心跳加

快，甚至作嘔的感覺；害怕時的腿腳發軟、發抖；悲傷時的全身發涼、無力；喜悅時的胸口溫暖的感覺等等。2013 年芬蘭的幾位科學家，對人的情緒在身體上的反應進行了研究，並將研究成果發表在《美國科學院院刊》上。研究顯示，情緒的確會始終如一的影響我們的身體。在 5 個實驗中，701 個參與者在電腦製作的空白圖表上，針對不同情緒按照身體感覺塗顏色，反應強烈的部位塗成紅色或黃色，反應較輕的部位塗成藍色或黑色。結果可以看到，在開心時，人們幾乎全身是紅色或是黃色，在感覺到愛時，人們的整個胸腔基本都是黃色的，並且手臂是紅色的，這種積極情緒下，我們的身體也能感覺到一種活力。而在焦慮時，雖然胸腔也是紅色和黃色，表示我們有一種較強的能量，但是手臂和下半身是藍色和黑色，就是一種胸部煩躁但手腳卻冰涼的狀態。在憂鬱時，全身幾乎是藍色或黑色，這是一種無力的狀態。

一方面，當我們說「情緒蘊含在身體裡」時，很多人並不以為然，甚至覺得這有點神祕；另一方面，很多人又會對於「某個人很有氣場」這句話表示認可。這其中的原因，可能是許多人過於習慣理性的思考，而忽略了情緒和身體的訊息。但這些訊息是真實存在的，我們不可避免的受到影響。

心和身體的關係是一個複雜系統，它們之間是相互作用的。我們知道，我們的心理會直接改變身體語言，在心情感到振奮的時候，我們的身體是挺拔、放鬆的，在不確定或者是緊張的時候，身體可能會是蜷縮的、兩手交叉放在胸口、呈自我保護狀態的。但刻意的身體語言是否會改變心理呢？哈佛商學院副教授艾美．柯蒂（Amy Cuddy）在「肢體語言塑造你自己」的 TED 演講中，介紹了一個實驗，分別讓人以自信、有力量的姿勢和沒自信、沒有力量的姿勢站立 2 分鐘，結果顯示：「以一個自信的方式站著，能夠提高我們腦內的睪丸酮的含量，並且降低可體松含量（睪丸酮是一種支配性的荷爾蒙，可體松是壓力荷爾蒙，在有力量的、展現出果斷、自信和樂觀的領導者中，睪丸酮含量較高，而可體松含量較低），可以提高我們的自信程度，提高人際交流中成功的機會。」研究說明，身、心是一個相互影響的系統，身體感受和反應在情緒處理上產生很重要的作用。

僅僅 2 分鐘的身體語言的假裝，就可以改善那一刻的情緒。如果我們可以持續把這種「假裝」融入骨子裡，就有可能實現一個長期的深刻轉化。而這也是艾美·柯蒂自己的故事：

她在 19 歲時，遭遇了一場很嚴重的車禍，整個人被扔到了車外，滾了好幾圈，當醒來時，發現頭部嚴重受傷。接著她從大學裡休學，並被告知智商下降了 2 個標準差，這對她幾乎就是個毀滅性的打擊。作為從小被認為是有天賦的她，智商降低幾乎就是威脅到她的身分認同的問題。當她試著要回到大學時，很多人都對她說：「妳沒有辦法畢業的，還有很多可以做的事情，試試別的吧。」她感到非常的無助：「當你的認同感被剝奪的時候，那個主要的身分認同，對於我來說，就是智力，而這個被剝奪的時候，再沒有比這個更加無助的時刻了。」她沒有放棄，開始拚命努力學習，最終得到了命運的眷顧，她比同學多花了四年的時間才畢業，然後說服了她的恩師 Susan Fiske 接收她進入了普林斯頓大學。她當時覺得：「我不應該在這裡（我不值得在這裡），我是一個『騙子』。」在普林斯頓大學第一年演講（對著 20 個人講 20 分鐘）的前一個晚上，她是如此害怕被揭穿，所以她打電話給 Susan，說不做了。但 Susan 說：「妳不可以不做，因為我在妳身上下了賭注，妳得留下。而且，妳要騙過所有人。妳被要求的每一個演講，妳都要去照著做，而且妳要一直講，一直講。即使妳怕死了，腳軟了，靈魂出竅了，值得妳意識到這麼一個時刻——『天哪，我在做這個事情，我已經成為它的一部分，我正在完成它。』」而這就是她在碩士五年期間所做的。後來，她去了西北大學，之後又去了哈佛。之後，似乎逐漸淡忘了這件事。一直到她在哈佛教學的第一年，她對整個學期都沒有說一句話的一個學生說：「妳要開口說話，參與討論，否則妳會被當的。」這個學生到了她的辦公室，一

副被現實擊敗的樣子，然後說：「我不應該在這裡（我不值得在這裡）。」這一刻，Amy 突然明白了兩件事，第一件事是，「天啊，我再沒有這種（我不應該在這裡）感覺了」，她已經成為她想要成為的人。第二件事是，這個學生應該在這裡。她可以「假裝」，直到她成功。所以 Amy 跟她說：「妳當然應該在這裡。明天妳就要『假裝』，妳要讓自己充滿力量，妳要走進教室，妳將發表最棒的評論。」然後，這個學生就真的發表了最棒的評論，大家回過神，說道：「哦，我的天啊，我都沒有注意到她坐在那裡。」幾個月之後，這位學生發生了極大的轉變。

長期的身體語言的「假裝」，可以被內化成為一個人的品性。

讓我們小結一下情緒、作用機制及神經基礎的相關知識：

1. 每個人都有情緒認知模式。
2. 情緒腦不同於認知腦。
3. 情緒有生理基礎，我們可以透過身體覺察和改變情緒。

提升心理資本的方法

提升心理資本最有效的方法之一，就是正念練習

正念不就是「有意的、不做評判的專注於當下，而升起的覺知」，它怎麼會提升心理資本呢？在培訓和教練過程中，我注意到有很多人因為沒有能夠理解這兩者之間的關聯，所以錯失了透過正念練習來提升情緒的機會，這很令人遺憾。而一旦理解了這個關聯，就有可能透過持續的正念練習來提升心理資本。一位接受訓練的高階管理者說，在他第一次接受輔導的過程中，他雖然理解了正念的定義和要素，覺得有道理，也進行了一些正念練習，但還沒有信服。直到在第二次輔導時，我跟他深入的說明正念對提升情緒的作

用機制，他才真正的信服，開始真正投入正念練習中，並且很快體會到了正念帶來的好處。這個案例給了我啟發，在培訓和教練過程中，僅僅透過練習本身還不足夠，還需要詳細的介紹背後的原理和研究結果，如下所述。

正念有助於覺察和改變情緒認知模式

情緒認知模式很難被覺察，是因為它發生的過程很快。接收到一個外界刺激，比如公司主管說的「中午到我辦公室一趟」，認知模式馬上發生作用，然後就有了反應。著名的精神病學家維克多·弗蘭克（Viktor Emil Frankl）曾經說過：「在刺激和反應之間存在一個空間，這個空間就是你選擇的自由和選擇的能力。」這個空間越大，就有越強的掌控力，也就越有可能去覺察和改變認知模式。

在《與成功有約》書中，講述了弗蘭克改變認知模式的動人故事。弗蘭克是猶太心理學家，在第二次世界大戰的時候，曾被納粹關進死亡集中營，遭遇非常悲慘。他的父母、妻子、兄弟都死在集中營裡，被納粹用毒氣毒死了。而他本人由於被納粹選作細菌實驗的樣本，僥倖活了下來。有一天在集中營裡，他突然體會到一種特別奇妙的感覺，後來他把這種感覺叫做人類的終極自由。他領悟到，儘管我現在失去了自由，儘管連最起碼的生存條件都不具備，儘管我的生命隨時可能被剝奪，但是有一點是別人永遠無法剝奪的，那就是對於外界帶給我的這些刺激，我怎麼想，我怎麼看，完全是我自己的選擇。換句話說，我的精神還是自由的，我的心靈還是自由的，這就是人類的終極的自由。於是他開始展開自己的想像力，設想將來如果有一天走出集中營，可能會做什麼事；如果站在課堂上對學生講課，怎麼講這段經歷。在這之後，他在集中營裡的日子就不再像原來那樣每天處於一種悲慘絕望的狀態。他可以做很多的事，包括準備講義對將來自己的學生講課，包括去幫助其他的獄友，鼓勵其他獄友，幫助他們找回做人的尊嚴。

弗蘭克沒有被外界刺激（死亡集中營的悲慘遭遇）所摧毀，而是在外界刺激與反應的空間中，透過改變認知模式，獲得了精神上的超越和自由。

正念練習能夠擴大和提升在刺激與反應之間的空間。

當我們不做評判，專注於當下的內、外經驗時，就會像是有「另外一個我」在觀察自己一樣，這就相當於把心從原來完全沉浸的某些想法或情緒中抽離出來。比如當「主管要我中午到他／她辦公室一趟，我有點擔心，是不是自己的工作有做錯的地方」，透過不加評判、專注於當下的練習時，就可以覺知到這個擔心。

覺知，其實就是發現、觀察、發覺，它本身是沒有選擇性的，沒有好惡之分的，它是穩定、平靜的。所以一旦有了覺知，就馬上會帶來一個穩定的力量，就不容易被這個擔心帶走，就會為刺激和反應帶來更大的空間。

我們都有這樣的經驗，我們生氣的時候，如果覺知到我們生氣了，好像氣就消了好多。也就是說，如果我們可以保持覺知，就不會失控。覺察到擔心，我們就不會陷入擔心中。

通用磨坊食品公司的前副總裁、《正念領導力》的作者賈妮思・馬圖雅諾（Janice Marturano），這樣描述正念對於擴大空間的幫助：「我發現正念訓練教會了我去尋找生活中最迫切需要的東西，那就是『空間』（space）。我這裡所說的『空間』並不是指把個人的辦公室布置得大一點（儘管這也會有不小的幫助），我說的是精神和情緒上的空間，就像網路的頻寬一樣，是可以觀察、感受、傾聽與反思我們面前及內心所發生的一切的能力。當擁有那個『空間』的時候，就算情況緊急，我們也能夠以冷靜、有創意和人性化的方式來應對，而不只是面對壓力時做出反應。」

透過正念，擴大了刺激與反應之間的空間，再加上不評判和接納的態度，就有機會讓我們的認知模式浮現出來，使我們得以覺察。拿電腦系統來比喻，刺激就像是輸入，反應是輸出，我們的認知模式就像是代碼指令，平常我們只能看到輸出，在正常運行的情況下，是看不到代碼指令的。而正念就像是一個暫停鍵，改變了這個過程，此時，我們就有機會看到深層的代碼指令，也就是我們的認知模式。

對於許多經理人來說，限制自己進一步發展並不是不努力，或是不主動，而是對自己過度批評和要求的認知模式，比如：

· 如果事情不成功，就說明我不夠努力。
· 如果要成為一個優秀的領導者，我就必須面面俱到。
· 我必須成為一個好的貢獻者，別人的需求（比我的）更重要。
· 我是一個好的合作者，應該滿足別人所有的要求。
· 我應該對我管理的團隊負責，所以我不可以失敗。
· 要成功的話，就必須做到十全十美。

當然，也可能有自我設限的認知模式，比如：

· 每個人都受限於成長的環境，所以我不可能做到那麼好的。
· 我可以改變自己，但我不能改變環境啊。
· 我失敗太多次了，看來我真的在這方面是不行的。
· 我天生就是一個悲觀的人。
· 我到了這個年齡了，改變是不可能的了。

對於任何一個認知模式的覺察，都可能會為我們帶來一個頓悟，有助於提升我們的心理資本。例如，覺察到完美主義、自我批評的認知模式，會有助於我們提高韌性，更好的面對壓力和失敗。而覺察到自我設限的認知模式，則有助於我們更自信、樂觀和充滿希望。

趙小姐是一家跨國公司的地區銷售經理，她最近的一個頓悟是「如果不把目光限定在『我能做什麼，我能發揮什麼作用』，而是去關注『怎麼做

最有效』，那麼合理的辦法和可以整合的資源就多了很多，一下局面就打開了。現在我更理解什麼是從『我』到『我們』，我有了更多的奉獻精神，對於所管理的團隊有了更多的理解和包容」。這個認知的變化，為她的心理資本帶來很大的提升，使她從有勇氣擁抱變化到主動引領變化。而且，從她更加開朗的笑聲中，我們都能感覺到更高層次的自信和樂觀。

用正念方式來覺察身體的情緒，了解到「我不是情緒本身」

「當情緒升起的時候，你是否有意識的去覺察情緒在身體上的反應？」對於大多數人來說，答案是不。在負面情緒剛開始升起時，大多數人只是隱約覺得身體有些不太對勁或不舒服，直到爆發的時候，身體的反應很明顯了，但這時也進入了情緒失控的狀態。因為缺乏訓練，多數人對於情緒和身體的覺知是相對弱的。

一位學員這樣來說明他對身體和情緒的覺察缺乏及背後的原因：「大學畢業後的 10 多年裡，我覺得自己就像一直在奔跑的馬，所有的注意力都在前方，很少關注身邊發生的事情，包括我自己的身體和情緒。最近幾年我感覺自己都麻木了。現在工作上的挫折讓我突然慢下來，一下子都不知道該怎麼辦了。我只是感到擔心和恐懼，身體不舒服，但具體是哪裡不舒服，還沒有覺察到。」

如果能夠更快、更準確的覺察到自己的情緒，就能夠有更好的回應。因為情緒有生理基礎，所以最有效的方法之一就是透過身體去覺知情緒。而正念練習的一個很重要的作用，就是提升對身體的覺知。

一方面，正念要求我們不加評判的專注於內、外部經驗，這就把我們的一部分注意力自然引導到身體的層面。在缺乏正念的時候，我們的注意力可能放在是對已發生事情的懊惱，或是未發生事情的擔憂或計畫上，很少放在對身體和感官的覺察上。吃飯的時候，在討論或思考其他事情，並沒能去品嘗食物，去打開味蕾和嗅覺，只是自動的往嘴裡送食物。面對美好的朝陽時，不是在匆匆的上班路上聽著車裡的廣播，就是忙著拍照片發到社群媒體，而沒有用自己的感官去直接體會清晨的美好，沒有去體會涼風拂面或是陽光進入眼簾帶給身體的溫暖。而當我們有正念的時候，把注意力放在當下的情形，就可以覺察到平常被忽略的身體感受和信號。

在正念工作坊中，正念練習之後，大家在分享練習的感受和心得時，有這樣一些回饋：「我的感覺好像敏銳了一些，能夠注意到的東西多了一些。」「我感覺到肩膀很緊，有點痠，原來都沒有注意到。」「我發覺整個身體都很累，可能是最近加太多班了。」透過對當下的有意識的關注，正念讓我們有更多機會去覺察身體，開發五感：觸覺、味覺、嗅覺、視覺和聽覺。

另一方面，在第二章介紹的正念練習中，有一個專門以身體為覺察對象的練習 —— 身體掃描，就是不加評判的覺察身體的不同部分。顧名思義，這個正念練習直接提升了對身體的覺察。

有很多神經科學的研究都證實了正念可活化大腦的某些部位，其中就包括與身體覺知相關的部分 —— 腦島（Insula）。2005 年哈佛麻省總醫院的莎拉．拉扎爾（Sara Lazar）博士和其他研究者，對 20 位正念長期練習者的大腦用核磁共振成像的方法進行研究，發現他們的腦島比非正念練習者更厚。2008 年，德國的 Britta K. Holzel 和其他研究者用不同的神經成像技術進行了研究，也再次證實正念練習者的腦島更發達。

更強的身體覺知力，對於情緒管理來說就像是一個更精密的即時監測系統，一個不精密的監測系統只有在情緒波動很大的時候才能監測到變化，比如快要大發雷霆或是非常沮喪時，而這時往往由於情緒的強度太大，很難進行理性的干預；一個精密的監測系統則可以實現更多的微調，將情緒調節在適度的範圍，也就有了提升情緒的基礎，從而達到提升心理資本（希望、韌性、樂觀、自信）的目標。

在正念的教學中，我注意到有的學員感受更敏銳，但更多的人不太能理解和體會如何去覺察身體的情緒。有一些反應是「我沒有感覺啊」，或者是「從道理上我可以理解，但體會不到」。這就是即時監測系統不夠精密，不能監測到相對小的變化（在課堂中大家的心情相對平靜和放鬆）。這時，如果引導大家去回憶一個不愉快或壓力大的場景或事件，就有助於理解和體會。我們可以從強烈情緒開始練習，慢慢的就會體會到更精細的變化。比如我自己，慢慢的就能體會到，在做一件事情一段時間後，像是開會或是準備一份資料，肩膀發緊或是身體燥熱，這就是情緒開始不耐煩的表現。在失去耐心和專注前，我可以有意識的站起來做個深呼吸，或者活動一下身體。這一個適時的、簡單的調節，就可以改善我的情緒和工作狀態。

伴隨著身體覺知力的提升，正念練習者在一段時間練習後，會獲得一個顯著提升情緒管理能力的頓悟：我只是在體驗情緒，我不是情緒本身。這個頓悟的產生來自我們不加評判的覺察的經驗：我們會體驗到身體的感受在不斷的變化，有時心裡著急，身體的某些部分感受到緊張和不安，腸胃也會不舒服，在正念練習中不以評判的眼光覺察這些感受，覺察到肌肉的緊張、消化系統的不適，也許一會之後，這些都消失了，情緒也回到了平靜的狀態。隨著我們不斷的去切身體驗情緒的升起和消失，就會理解到我們是在體驗情緒。這也就意味著，我們不是情緒本身。當我們知道我們不是情緒本身時，會帶來兩方面的幫助：一是我們更有機會跳出情緒看情緒，對情緒進一步增加了掌控力。二是即使在偶爾情緒失控的時候，也不會對自己太苛責，這增加我們的復原力。

正念降低大腦中觸發情緒的「杏仁核」的反應

為什麼有些人像是一顆炸彈，稍微不如意就會情緒大爆發，而有些人則像是一頭大象，平和而穩定？從神經科學角度，這與大腦中杏仁核的活躍度有關。2010 年，奧地利的心理學家席恩勒（Schienle）和其他研究者，比較了 16 位焦慮失調患者和 15 位健康人士的大腦結構，發現焦慮失調患者的杏仁核更大，而且與其他大腦部位的連接更緊密。2013 年，史丹佛大學的學者，對 76 位 7 ～ 9 歲兒童的大腦及他們的焦慮經歷進行了研究，發現杏仁核的大小及它與其他部分的連接度與焦慮相關。這些研究說明，太大和太活躍的杏仁核，不利於兒童和成人的情緒管理。

正念在西方被主流社會接受，是由於卡巴金博士從 1970 年代末開始開發的正念減壓療法，他採用醫學界所認可和接受的方式，證明了正念能有效的降低壓力和焦慮。在最近的十多年裡，隨著神經科學的進步，透過對大腦的掃描，又進一步證明正念對大腦的作用，其中重要的一項，就是正念練習有助於縮小杏仁核及降低杏仁核與大腦其他部分的連接。

2011 年，麻省總醫院的莎拉．拉扎爾和其他研究者，對 16 位參與 8 週正念減壓課程的人進行了大腦的研究，發現經過 8 週，平均每天 27 分鐘的正念練習，這些參與者的杏仁核灰質濃度下降了，也就是杏仁核更小了。匹茲堡大學神經科學中心的艾德麗安．塔倫（Adrienne A. Taren）致力於研究壓力如何改變大腦，以及透過正念來減少這些影響。她和其他研究者在 2013 年發表的研究文章中指出，在對 155 名 30 ～ 50 歲的人進行正念和杏仁核的關聯性研究中發現，正念狀態得分高的人，杏仁核更小（杏仁核的灰質量少）。接著，在 2015 年，她們又發表了研究文章聲明，在對 130 人的研究中發現，3 天的密集正念練習（對照於 3 天的放鬆練習），降低了杏仁核與其他部位的連接，而與此同時，與注意力和專注力相關的連接加強了。正念幫助人可以更多的使用上層大腦（也就是皮層，更理性的部分），降低了大腦更原始部分的影響。

正念幫助我們減弱「杏仁核」對情緒的影響和控制。

正念的迂迴策略提升心理資本

從表面看，正念是「有意、不做評判、專注於當下而升起的覺知」，它並不是一般意義上的「正能量」，與那種「是的，我可以」口號式的勵志是迴然不同的，似乎很難直接與正向的心理資本（希望、韌性、自我效能、樂觀）等直接關聯起來。

這種看起來有點反直覺的方法，類似於英國著名經濟學家約翰．凱（John Kay）在《迂迴的力量》一書中所提的概念「迂迴」。「最快樂的人並不是追求自己的快樂，最賺錢的公司並不是最以利潤為導向的，最富有的人並不是最物質主義的」、「幸福並不是透過不斷重複享樂的體驗來獲得的」。這些都告訴我們，直接朝著目標奔去的方法往往無法達到預期的目標。

有兩種情緒，一種是我們不想要的，像是憤怒、焦慮、緊張、擔憂等。一種是我們想要的，像是鼓舞、激動、愉悅、平靜等。我們分別來說明如何面對它們。

面對不想要的情緒，我們的直接反應就是打敗它。詠給．明就仁波切小時候深受恐慌症的困擾，他一直想戰勝恐慌，但都沒有成功。他的老師跟他分享了這樣一個故事：西藏有很多人跡罕至的漫漫長路，尤其在山裡，沒什麼村落。旅行向來是一件危險的事，因為總是有強盜躲在山洞裡和路邊石頭後面，準備要突襲旅人，即使有萬全的防備也會遭受襲擊。旅人能怎麼辦呢？只有這幾條路能通往他們的目的地。當然，他們可以集體行動，如果人數夠多，強盜或許不會對他們攻擊，但是，也不盡然。因為強盜總是伺機要從大旅行團中搶走更多東西。有時候，旅人也會僱用保鏢來保護他們，但是，成效也不佳。因為強盜總是更凶狠，武器更精良，如果雙方打起來，受傷的機率反而更高。

「聰明的旅人在強盜發動攻擊前，會跟他們商量：『我們想聘請你們當保鏢。現在就可以付一部分酬勞，抵達終點後，我們會付更多的酬勞給你們。這樣一來，我們雙方就不需要打打殺殺，沒有人會受傷，你們也會得到更多的財物。如果你們讓我們安全抵達，我們還可以把你們推薦給別人，你們很快就會賺到比搶劫還要多的錢。這樣不是皆大歡喜嗎？』」

他的老師說，恐慌的問題就像是盜賊，你知道他們埋伏在哪裡。有一種方法，是僱保鏢防強盜，就是時刻防止強盜的到來，並與之作戰，但似乎問題總是占上風。另一種方法，就是乾脆僱強盜為保鏢，就像是聰明的旅人，邀請問題同行。當你害怕時，不要跟恐懼奮戰或逃離它，你要跟它商量：「恐懼，你好！留下來吧，當我的保鏢，讓我看看你有多強大。」如果經常這麼做，恐懼終究只是你的部分體驗，它會來來去去，而你會跟它相處愉快。

對於不想要的情緒，我們不採取直接抵抗的方式，而是用正念的方式與它共存，漸漸的化敵為友。那麼，對於我們想要的情緒，是否就直接的追求並緊抓不放呢？

智者說：「你想要抓住沙子，如果你抓得越緊，沙子就會從你指縫中越快流出。但如果你不緊不鬆，用手捧著，就會裝得滿滿的。」緊抓著想要的情緒不放，所產生的直接後果就是產生過度的期待，以及在此過程中伴隨著的隱隱的擔心：「這種鼓舞人心的感覺真好，會不會跑掉？嗯，我可要抓緊它。」這種擔心使得我們無法真正的享受正面情緒帶給我們的心理資本，反而降低了它的功效。而一旦這些美好的情緒消失的時候，我們就有一種更大的失落感，繼而有種莫名的懊惱。

所以，對於不想要的情緒，要與之共存；對於想要的情緒，保持平常心，不過分的去追求結果，把注意力放在過程中，就會產生情緒的浮力，即是從負面情緒中恢復的能力。丹尼爾．品克（Daniel Pink）在《未來在等待的銷售人才》一書中，解釋了為什麼特別需要這種情緒恢復力？從客觀上，因為銷售人員在工作過程當中，常常需要面對拒絕。而從主觀來看，銷售人員對待每一次商務洽談，若只將洽談目標放在成交上，一旦遇到拒絕，則期望越大，失望越大。所以如果在發展銷售初期，將拜訪的目標放在試探與了解客戶上；在銷售進展中期，將拜訪的目標放在體驗交流上；在銷售推進後期，將拜訪目標放在服務與交友上；在每天的各種銷售拜訪中，都有一個嘗試方法、累積經驗的目標，那麼，沒有一次客戶拜訪會是普遍意義上的失敗。透過這種思維與行為，真正獲得情緒恢復力，累積提高成功率、降低失敗風險的寶貴經驗，從而獲得穩定的銷售業績。其實，不僅僅是銷售，管理者要領導變革、引領創新，都會遇到不同的挫折，只有情緒的恢復力才能帶來穩定的心理資本。

正念不強求正能量，卻帶來正能量。

正念帶來的平靜和安心是最大的心理資本

一次 3 到 5 分鐘的正念練習可以帶給我們平靜的感覺，而長期的正念練習將會帶給我們內在寧靜和安心。有些人將其描述成「像大海的深處，無比的寧靜」，也有人形容為「像藍天一樣的廣闊和祥和」，還有「像宇宙一樣的無限」。當然還有人說很難形容，就是一種「安心和完整的感覺，特別的滿足，沒有什麼期待和擔心」。

馬克．雷瑟（Marc Lesser）在舊金山禪修中心居住過 10 年，是美國「探索你內在的領導力學院」（「Search Inside Yourself Leadrship Institute」）的聯合創始人，並擔任過 CEO，也是《當禪師變成企業主》和《戒掉忙碌，懂得少做才是贏家》的作者，他這樣來形容這種內心深處的寧靜和情緒的狀態：「有一次我在一個大會上演講，下來之後有個聽眾過來找我，她說『我注意到你的雙手好像在抖，但臉部表情又特別的平靜，這種情況很不尋常，我很好奇你是如何做到的』，我就跟她分享說『是的，我的內心就像是大海深處一樣的寧靜，而我的情緒還會有波動，就比如上臺演講

時還會緊張，就像是大海表面的浪花，這兩種是共存的。』所以我做的就是體會這種寧靜，同時擁抱情緒。」寧靜給人穩定的力量，雖然我們還受情緒的影響，但內在的穩定性就像是一個錨，發揮出重心的作用。

平靜的力量可以幫助管理者們更好的面對每天的挑戰。美國安泰（Aetna）保險集團董事長、CEO 馬克．貝托里尼（Mark Bertolini），自 2010 年擔任公司 CEO 以來，使公司的市值成長 3 倍，達到 450 億美元，也是《哈佛商業評論》評選出的 2017 年全球最佳表現 100 位 CEO 之一，他不但自己進行冥想練習，還將正念練習在整個公司範圍內推廣。到 2015 年，安泰全球 5 萬名員工中，就已有超過四分之一的人參與了正念練習。他是這樣來介紹自己每天的練習和所帶來的益處的：「每天早上我五點半起床練習，因為我知道我將要面對一個混亂的世界；我將會聽到很多好的和不好的消息；我自己的價值將會被挑戰。除非我讓自己保持穩定和正念，爭取活在當下，否則我將無法幫助並領導他人。」

另外一位公司領導者所說的幾乎如出一轍。史賓賽．謝爾曼（Spencer Sherman）是美國 Abacus 公司創始人和董事長，他認為正念的最大收益之一就是平靜：「作為一個團隊的領導者，不可避免要遇到『風暴』，如果你無法培育出某種程度的內在平靜，就不知道如何去面對不斷變化的外部世界，也就無法在風暴中為你自己及你的團隊找到平衡。這才是打造真正領導者的機會。當你的同事與你產生分歧而且業務在不斷下滑的時候，你是如何做的？正念不再是一種奢侈品，它是個必需品。」

其實，這種平靜和穩定，在我們的傳統文化裡早就有提到。《大學》裡說：「知止而後有定，定而後能靜，靜而後能安，安而後能慮，慮而後能得。」

正念有助於帶來心流，進入最佳的心理狀態

晚上 9 點，一個高級辦公大樓靜悄悄的辦公室裡，還有一個房間燈火通明，因為第二天上午 10 點我就要向一個客戶做報告了，而報告資料才完成了八成。更糟糕的是，我對於報告資料的關鍵重點和大綱仍然不滿意，要盡快做出一個好的報告內容，需要額外加班以及突破性的思考。壓力下，我開始坐立不安，一會到辦公室外散步，一會倒杯熱茶。大腦在一直思考，但又在失神，有點魂不守舍。在努力嘗試去專注幾次之後，我開始在白紙上寫些東西，不是很滿意，把紙揉一團扔開，又拿張新的白紙繼續嘗試。然後，在幾次深呼吸後，內心漸漸平靜下來，注意力回到第二天上午的報告主題和目標，重新開始思考。不知不覺，我開始逐漸感覺到「進入狀態」，然後下筆如有神，「很快」的完成了報告資料。已是午夜 12 點，於是，呼吸著夜晚清涼的空氣，我雖然身體滿是疲憊，卻帶著成就感和安心回到家，睡了個好覺。

很多職場人士都有過類似以上的體驗。一種心流的狀態，這是將個人精力完全投注在某種活動上的感覺。心流產生時會帶來高度的興奮及充實感。芝加哥大學心理學教授米哈里．契克森米哈伊（Mihaly Csikszentmihalyi）最先提出心流這一概念，並對其進行了研究。在心流狀態下，工作毫不費力，你會感到：

- 完全沉浸並全心全意投入到正在做的事情當中。
- 一種陶醉感，感覺自己超越了日常現實。
- 內心的純淨。
- 對手上的任務充滿自信。
- 一種寧靜感。
- 超越了時間，幾個小時一眨眼便過去了。
- 內在激勵，即無論會產生什麼，心流本身便是一種獎勵。

心流狀態下，人的各方面能力包括創造力會達到最佳狀態，許多致力於不斷提升自身狀態的藝術家、運動員、棋手等都在努力讓自己更快、更常進入心流。隨著心流概念的普及，越來越多的職場人士開始注重訓練自己，以便更好的在工作場所中進入心流。

從外在的條件看，心流產生的關鍵是技能與挑戰的平衡。當技能大於挑戰時，人會覺得無聊和厭煩；而當挑戰大於技能時，又會覺得焦慮。

我們或多或少都有如圖 3-1 所描述的經驗。例如，當我們學習用 PPT 做報告資料，剛開始只會用「新建文件」、基本的文字編輯等最簡單的功能時，如果任務是做一張基本的以文字為主的 PPT，我們就可以很專注的完成它，也就是在 A1 狀態。此時如果有一項任務是做幾張圖文並茂的有水準的 PPT，我們就會陷入焦慮狀態中，開始精神渙散、擔心，也就是在 A2 狀態。此時，如果我們能夠接納這些情緒，開始逐步學習和掌握更加複雜的技能，就會讓我們重新進入心流體驗，也就是 A4 狀態。隨著技能的提升和更多經驗的累積，製作幾張 PPT 成了習以為常的、沒有挑戰的工作，就會進入 A3 狀態。

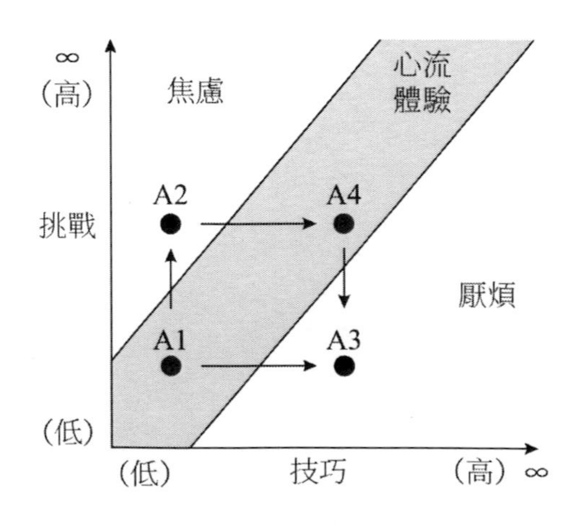

圖 3-1　心流的條件

從內在的角度看，進入心流的過程，也就是從 A2 的焦慮抗拒，到集中精力進入 A4，正是正念發揮作用的階段。

心流之所以重要，不僅僅是因為處在心流時的良好表現，還因為更多的心流體驗會支持我們不斷去進行新的挑戰，達到更高的技能水準和更好的狀態。在《恆毅力：人生成功的究極能力》一書中，作者安琪拉．達克沃斯（Angela Duckworth）在綜合對美國全國拼字比賽的調查研究及十年來的研究文獻後，得出結論：恆毅力高的人會做比較多的刻意練習，也體驗到較多次的心流。下功夫刻意練習的主要動機是為了精進技能。我們是全神貫注的投入，刻意設定一個超出目前技能水準的挑戰目標，處於「解決問題」的模式，分析所做的一切，為了更接近理想的狀態。而體驗到心流的期間，則沒有這個動機。心流狀態本質是愉悅的，我們當下也是全神貫注的投入，但並不是處在「解決問題」模式，而是自然而然的享受著我們熱愛的事，整個人飄飄然，忘了時間，一切感覺起來都毫不費力。也就是說，刻意練習是為了準備，心流則是表演時的狀態。

累積了一定的刻意練習後，心流體驗會更頻繁出現，而心流帶來的喜悅，會不斷堅定刻意練習的決心。

作家葛拉威爾（Malcolm Gladwell）在《異數》一書中指出：「人們眼中的天才之所以卓越非凡，並非天資超人一等，而是付出了持續不斷的努力。一萬小時的錘鍊是任何人從平凡變成世界級大師的必要條件。」他將此稱為「一萬小時定律」。

除了練習的「量」要夠大之外，練習的「質」也要夠高。佛羅里達州立大學心理學家安德斯．艾瑞克森（Anders Ericsson）提出了刻意練習的概念。科學家們考察了花式滑冰運動員的訓練，發現在同樣的練習時間內，普通運動員更喜歡練自己早已掌握了的動作，而頂尖運動員則更多的練習各種高難度的動作。普通愛好者打高爾夫球純粹是為了享受打球的過程，而職

業運動員則有意練習在各種極端不舒服的位置擊球。真正的練習不是為了完成運動量，真正練習的精髓是要持續做自己做不好的事。

刻意練習的每個要素都很平凡無奇：

· 明確定義的挑戰目標
· 全神貫注、全心投入
· 及時、實用的意見回饋
· 不斷檢討、不斷進步

聽起來刻意練習的道理很簡單，有一點類似勵志公式「1.01 的 365 次方 ≈ 37.8」，每天進步一點點，一年下來的成績就非同小可。可很多人還是無法堅持下來，其中的原因之一，與體會刻意練習的方式有關。

刻意練習要針對的就是自己的不足之處，所以不可避免的要犯錯誤。這會帶來挫敗感，尷尬、恐懼、羞愧，如果無法駕馭這些情緒，就很難堅持。而恆毅力高的人，會覺得刻意練習的感覺相當愉悅。這其中的奧祕，正如美國一位著名游泳教練泰瑞所說：「重點在於當下的自我覺察，而不是自我評判。你必須擺脫阻礙你樂在其中的自我評判。」

美國肯塔基大學在對 142 位大學生的研究中發現，正念中的「不評判」和「不反應」恰恰有助於培養恆毅力，也就是能否在困難的任務中堅持的能力。一方面，困難的任務引發了評判和自動反應，帶來了自我批評、困擾和想放棄的衝動，而正念覺察並承認這些自我批評的想法和困擾，並允許這些經驗消失。另一方面，在困難的任務中也會有更多負面的自我對話，這些負面的自我對話會引發如難堪、沮喪等情緒。正念則有助於減少這些情緒或是降低它們的強度。

全心全意的投入其中、不斷挑戰自己的未知領域，同時又不自我否定，而是自我覺察和接納，從而也體會到不斷突破的愉悅，以及沉浸其中的忘我

狀態。如圖 3-2 所示，這種帶著正念的自我突破，並不是外人以為的「苦行僧式的只有痛苦的自我折磨」。這也許就是許多高成就者的祕密。

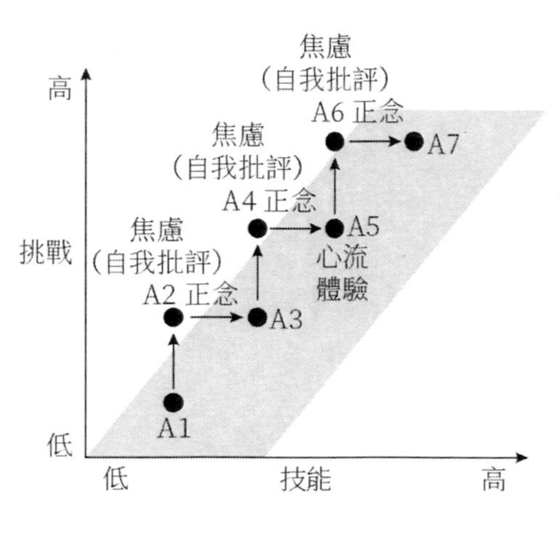

圖 3-2　正念和心流

正念帶來的心流體驗是最佳的心理狀態，它使人有長期的心理資源，來面對源源不斷的挑戰。

***

正念從認知、身體情緒覺察、改善大腦的結構，以及帶來平靜和安心來全方位的提升心理資本。這些是正念的作用機制，除此之外，還有實證研究的支持。心理資本概念的提出者盧桑斯，與另外兩位研究人員，在 2014 年發表的研究文章〈正念和心理資本對於管理者的幸福的作用〉中，針對近 700 位的不同級別的管理者的研究發現，管理者的正念與其心理資本正相關，而且，級別越高的管理者，這兩者都要明顯更高，如表 3-1 所示。

表 3-1　正念和心理資本

	初階管理者	中階管理者	高階管理者
正念（1～5分，MAAS）	3.8	3.9	4.2
心理資本（1～5分，PCQ，12項）	3.8	4	4.2

利物浦大學針對290位職場人士的研究，也再次證實了正念能帶來積極的情緒和提升心理資本。同時，這項研究還進一步對正念的五個面向（在第二章中闡述的正念五個面向：覺察、描述、有意識行動、不評價、不反應），與積極情緒和心理資本進行了更仔細的相關性分析。其中，正念的「描述」有助於提升自我效能；「不評價」則有助於提升積極情緒，並進而提升希望、樂觀、自我效能及復原力。影響最大的是「不反應」，它無論是對積極情緒，還是樂觀、希望、自我效能、復原力、幸福感及工作投入度，都有幫助。

正念的「不反應」具體表現在：

· 我感受到了我的情緒和情感，但我不必對它們做出反應。
· 我觀察自己的情緒，而不迷失其中。
· 當我有悲傷的想法或是景象時，我會「退一步」，並去覺知那些想法或景象的存在而不被其所控制。
· 在困難的情境下，我會暫停一下，不會馬上做出反應。
· 通常，當我有令人傷感的想法時，我能很快恢復平靜。
· 當陷入令人煩惱的情緒或情境中，我能做到只是去注意它們，而不做出相應的反應。

這個「不反應」類似於東方古老智慧中的「無為」，也正所謂是「無所為而無不為」。東方智慧與西方心理學的結合，幫助我們更好的理解正念的作用和意義。

刻意訓練增加心理資源、建立積極思考習慣

當我們透過正念練習，能夠更好的接納所有的情緒時，還可以透過刻意訓練，更主動的增加心理資源，建立積極思考習慣。

在我們睡覺前，回憶一下今天發生了什麼。哪些事給你的印象深刻？很多人也許和我一樣，除非今天發生了一件特別令人驚喜的事情，否則印象深刻的都是令人不那麼愉快的事情。美國著名的神經心理學家里克．漢森（Rick Hanson）稱這種現象為「大腦的負面偏好」。他說：「為了生存，大腦擅長從不愉快的經驗中學習，不擅長從快樂的經驗中學習。」但是，從快樂的經驗中學習是累積我們心理資源的主要方法。為了改變這種情況，我們可以主動訓練，重塑大腦，其中的方法之一就是 HEA：

· Have it（有個好體驗）
· Enrich it（加深體驗）
· Absorb it（吸收體驗）

首先有個好體驗。事實上，在絕大多數情況下，我們都有好體驗，只不過由於「負面偏好」和缺乏正念訓練，我們沒有給予足夠的關注。這個好體驗並非要我們去刻意創造，只要更加留意就可以。當留意到有好體驗後，我們可以透過打開感官的方式去加深這種體驗，就像是看到一朵玫瑰花，心情愉悅，這時可以去深深的聞花的芬芳氣味，去欣賞花的鮮豔色彩和含苞待放的花瓣，去深入體會這種愉悅。接著，我們可以用 10 ～ 20 秒的時間，用想像的方式來將這種體驗吸收並沉澱到身體裡。通常情況下，我們體驗到愉悅但很快就讓它淡去了，而透過 10 ～ 20 秒的時間，我們就可以將它沉澱下來，增加心理資源，也就是在重塑大腦。

與此類似的是「注意當下美好時刻」的練習，它結合了正念呼吸練習，以及培養對當下的積極心態的訓練。很多學員的情緒在做完練習後有了明顯的提振。具體導引如下：

讓我們首先找個放鬆而警覺的姿勢安頓下來。
你可以輕鬆的坐在椅子上或是坐在地面的墊子上。
讓我們回到呼吸的自然節律上。邀請大家關注自己的鼻孔，感覺氣流是如何在這裡一出一進。覺知你的吸氣、呼氣，以及兩者之間的停頓。
如果你感到自己注意力不集中或是分心了，只需要覺知它，放下它，然後將注意力再次溫柔的帶回到呼吸上。
隨著對呼吸的關注，你可能會注意到身體的某些地方更加放鬆，某些地方還有不必要的緊張。隨著你的呼吸，你可以允許身體安頓下來。
隨順你的呼吸，允許身體和心都安頓下來。
接下來的 3 分鐘裡，我們將練習從簡單的呼吸裡，去覺察當下的美好。
隨著你的練習，你可能會注意到你的注意力更加集中。
你可能會注意到你的身體或是呼吸，不斷的釋放出所有的緊張和壓力。
你的呼吸更加的深入和放鬆。
你可能會注意到，此時，此刻，你就在當下，充滿生命力。
如果你願意，可以輕輕的上揚你的嘴角，對自己微笑。
隨順你的呼吸。
允許你的身體更加的放鬆和平靜。
讓我們放鬆的把注意力放在呼吸上，來結束我們的練習。

另一個練習是每天做三件積極的事情。為了確保這麼去做，可以用智慧手環，或是用其他方式來提醒自己做到。

此外，還可以堅持每天寫感謝信。當我們在寫感謝信時，我們就在重溫美好的時刻，並且表達感恩之情，這也是在訓練我們積極的思維習慣。在工

作坊中，有一位學員分享說：「我堅持了幾個月來寫感謝信，感覺自己的情緒狀態越來越好了，真誠的推薦給大家。」

（三）訓練如何面對困難情緒，提升韌性

除了訓練和培養積極習慣外，我們還可以訓練自己如何面對困難情緒。當我們發現自己開始能夠管理很困難的情緒時，會更加自信，充滿希望、樂觀，並提升面對挫折的韌性。

面對困難情緒有一些不同的方法，我將這些方法與練習接納的方法結合起來，並用在培訓和教練過程中，學員們的反應很好，這個方法叫 STARAR：

- S：Stop（叫停）
- T：Take a breathe（呼吸）
- A：Aware（覺知）
- R：Reflect（反思）
- A：Accept（接納）
- R：Respond（回應）

在訓練過程中，我們首先回憶一個引發我們強烈情緒的事情，比如被主管嚴厲的當眾批評，或者是很失敗的一個演講，當我們開始感覺到負面情緒時，我們要做的第一步就是「叫停」，不要讓情緒繼續蔓延和升級。接著，我們可以深呼吸，如果情緒波動得特別大，可以進行 3 次深呼吸。然後，我們嘗試去覺知情緒，首先在身體裡感覺情緒，去體會身體的哪個部分覺得緊張或是不舒服，去覺知這是一種什麼情緒，是憤怒、羞愧，還是挫敗。我們對情緒的覺知越準確，就越有利於情緒的管理和調節。接著，我們可以更客觀的反思這件事，這件事發生的原因是什麼？對方可能的意圖是什麼？對方

的行為是什麼？我們的行為是什麼？當我們能夠反思時，就能全面、深入的了解情況。接下來，我們來練習對這件事的接納，可以在吸氣時說：「我盡力了。」在呼氣時說：「我放下。」透過呼吸的配合，我們可以更好的練習接納，減少對自己和他人不必要的過度指責。最後，我們以平靜、客觀的心態，來進行更好的回應。

在這個過程中，第一步「Stop（叫停）」是最關鍵的：當我們能夠在強烈情緒爆發前停下來，就成功了一半。正念練習有助於培養在這種情況下「叫停」的能力。

這個練習類似於健身運動中的肌肉力量練習，重點在於持續和適度。承受的壓力太大（對於情緒來說，就是情緒太強烈要爆發了），可能會讓肌肉受傷，要好長一段時間才能恢復。壓力太小（情緒波動不明顯），鍛鍊的效果不明顯。所以，需要透過循序漸進的方式來進行。

***

管理者需要「強大的心臟」來面對壓力，引領變革。好消息是，情緒管理是一項可以培養的能力，心理資本是一個可以被培養的資源。提升正念覺知、克服負面偏好、發展積極思維習慣，並加強面對強烈情緒的能力，這樣堅持訓練一段時間後，也許突然就發現自己的心力提升了不少，正如以下的教導：

「不要輕視善事，譬如說，『它不會來臨』。但像水缸盛著水滴，有智慧的人一滴一滴的累積，直至整個人都盛滿善事。」

發現真北——如何找到領導力的原力，具備真情感召力

我們最深的恐懼並非自己的無能為力；我們最深的恐懼，是自己的能力不可估量；讓我們驚恐不已的，是我們內心的光明而非黑暗。

——瑪麗安娜·威廉森

領導力的根基：願景、使命、價值觀

設想一下這麼一個場景：作為公司的核心管理成員，現在你有機會參與一個位於市區核心地段的都市複合型建築的開發，這是一個大型專案，成敗決定了公司的發展前景，但公司還沒有類似的經驗，團隊瀰漫著興奮而又緊張和焦慮的情緒。這時，你會做些什麼？

這個聲音促使我們去深入思考。2002 年出版的《基業長青》一書中所強調的企業的願景、使命、價值觀真的可以落實到我們的專案中嗎？一個複合型建築可以呈現這些精神嗎？如果可以，它在商業上會成功嗎？

帶著這些問題，我們開始了標竿研究。這次的標竿對象與過去不同，我們不再局限於類似國貿這樣的市場領先者，而是基於「什麼專案經歷了時間考驗成為了城市的地標？它為什麼會成為地標？」這個問題擴大了我們的視角，將我們的思考起點提升到另外一個維度。於是，我們開始學習和研究紐約的洛克斐勒大廈、哈德遜城市廣場（Hudson Yard）、空中鐵道公園（High Line Park），香港的 IFC 和 ICC，以及東京的六本木新城等等。我們理解了，專案的物理高度並不是成為城市地標的關鍵。成為「基業長青」的地標，還取決於在物理空間中的人、團體和事件，而這與建造它時的願景和使命是密不可分的，甚至可以說是它的「靈魂」。紫藤廬是臺北最有名的茶館，龍應台說：「臺北市有五十八家 Starbucks（星巴克），臺北市只有一個紫藤廬。全世界有六千六百家 Starbucks（星巴克），全世界只有一個紫藤廬。」這就是物理空間的精神力量。

在這些世界知名的專案當中，東京的六本木新城與我們產生了共鳴。六本木新城 2003 年正式開業，總建築面積 78 萬平方公尺，歷經 17 年完成，是一座集辦公、住宅、商業設施、文化設施、飯店、電影院和廣播中心為一身的複合型建築，具有居住、工作、遊玩、休憩、學習和創造等多項功能。

六本木將大規模的高層建築與寬闊的人行道、大量的露天空間交織在一起，建築之間以及屋頂上大面積的園林景觀，在擁擠的東京成為彌足珍貴的綠化空間，是著名的都市更新、都市複合型建築的代表專案。六本木新城的「森美術館」，短短的十年間，在沒有數百年的積澱和巨額收藏品的情況下，就成為世界上深具影響力的美術館。在六本木新城舉行的東京國際電影節也是著名的文化活動。六本木新城成為國際遊客必去的現代文化景點。

六本木新城是如何做到這些的？可能有人會不以為然，「還不是資金雄厚，地點好，現在來看也沒有多特別啊」。事實上，六本木所在的位置在專案開發時並不是最好的地段，而僅憑藉雄厚的資金也無法做出一個這麼有影響力的作品。有那麼多重金投入的專案並沒有為城市的居住者和遊客帶來美好的體驗。「是什麼人，用什麼樣的願景和使命來造就了這個專案？」

這個疑問驅使我們更深入了解專案背後的故事及專案的核心人物：日本房地產業界著名人士森稔。森稔（Minoru Mori）的祖先都是米商。他的祖父做了家族中第一筆房地產投資 —— 第二次世界大戰前在東京的港區收購了一些房地產。1950 年代初，森稔的父親、橫濱市立大學教授森泰吉郎掌握了家族生意，很快他從房地產業務中賺取的利潤就遠遠超過了稻米生意。森泰吉郎對於房地產從不感情用事；家族最先擁有的 45 棟建築都沒有名稱，只有序號 —— 森大廈一號、森大廈二號等。1993 年，日本國內房地產泡沫破碎之際，森稔臨危受命接替父親森泰吉郎的位置，正式繼承家族企業。

與他父親對於房地產純粹從經濟利益考慮不同，森稔常說自己是「空想家」，是「哲學建築者」。在追隨父親進入房地產行業之前，森稔的夢想是成為一名作家。他在日本知名學府東京大學研究沙特（Sartre）和卡繆（Camus），具有哲學頭腦。森稔逐漸對瑞士建築師勒．柯比意（Le Corbusier）的藝術和思想萌生了興趣。他把勒．柯比意的「垂直庭院都市」概念，視為解決東京雜亂無章的擴張問題的出路，即更高的建築物使得同樣的土地上承載更多的人口，可以減少通勤時間，並且提供更多空間修建公園，供市民休閒。他提出了專案的兩個核心理念，「Vertical Garden City（垂直花園城市）」和「文化都心」，強調自然、和諧、人文。他的目標是要以這兩個核心理念在六本木新城的落地，促進東京城市經濟、文化和環境發展。

這個宏大的願景和使命幫助專案度過重重難關。專案最大的困難是與選址上原來的居民的溝通。這不是在一個拆遷完畢的空地上的建設專案，而是需要獲得原有眾多居民的同意，這過程中的難度可想而知，專案也數度面臨夭折的危險。但在願景和使命的支持下，專案團隊以超強的耐心和居民溝通，最終達成了一致的同意。

當我去參觀專案，站在 52 層的觀景平臺上看東京的美景，接著到頂層（53 層）的森美術館裡看畫展時，更理解了願景和使命的力量。大廈的最頂層通常有最高的商業價值，所以很多專案就把大廈頂層打造為高級俱樂部、旋轉餐廳或是飯店的行政樓層。但在 2003 年開業的六本木新城，這個最有商業價值的地方卻被用來作為面向大眾的美術館。從現在的實際效果看，將最好的地方作為公共空間，雖然損失了局部的商業價值，卻有利於提升整個區域或是專案的品質，實際上是提升了專案的商業價值。但在當時，這一創新的做法並無法確定這一點，而是需要願景和使命的指引。

現在六本木新城是名副其實的東京的地標，被視為「改變了東京的面貌」，除了成為眾多知名企業的總部所在地之外，每年還吸引了數以千萬計的世界遊客。該專案還進入了哈佛大學商學院的案例研究。2012 年森稔 77 歲去世時，包括數位日本前首相的眾多知名人士參加了告別式。

從六本木新城和森稔的故事中，我們更理解和堅定了以願景、使命和價值觀來指引專案開發的信念。這就要求我們自己更向內在探尋：什麼才是我們追尋的目標？我們要賦予專案什麼精神？

我們認真而又深入的探討，從各自的人生經歷中發現自己的熱情，不斷探索什麼才是專案最重要的精神。最終，我們提出了「讓城市回歸人文」的使命，將專案定位為一個社會商業專案，將專案的一部分利潤重新投入社區的文化、教育發展，服務於社區成員、周邊地區及全城的大眾。

這一使命對於我們的規畫、設計及社區營運等都產生了重大的影響。專案企畫的出發點是如何幫助在社區工作、參觀學習和居住的人回歸自我，加深人與人之間的連結，並更有創造性的工作和生活。專案有了文化中心和河岸劇場，辦公室的大廳設計則融合了博物館的審美、飯店櫃檯的溫馨以及辦公大樓的專業形象。基於這樣的理念，專案也吸引了國際級的建築師參與，包括最具影響力的世界建築大師、曾獲有建築界諾貝爾獎之稱的「普利茲克建築獎」的安藤忠雄，以及曾為六本木設計的美國 KPF 建築師事務所總裁和管理執行合夥人保羅．卡茨（Paul Katz）。在文化和社區營運上，也獲得國內外意見領袖的支持，包括哈佛大學教授、美國著名哲學家邁可．桑德爾（Michael J. Sandel），《基多宣言》的發起人理查．桑內特（Richard Sennett）和薩斯基亞．薩森（Saskia Sassen）等。其中有兩個評價讓我們倍感欣慰，一個是入駐企業的高階管理者，他說：「你們按照當初說的願景落實了，這在房地產公司中非常難得，很值得讚賞。」另一位是一個同行企業的董事長，她的評價是：「沒想到竟然能打造出一個這麼優質的專案。」而這一切的根基，是當初確定並一直指引我們的願景和使命。

卓越的企業需要依靠願景、使命和價值觀的引領。馬雲在演講時首先提到的就是這個主題，他說：「阿里巴巴的使命是讓天下沒有難做的生意，聽起來這個使命好像很宏大，但是你真正相信它，才會有人真相信。使命在什麼時候發生作用，在公司重大利益決定，生死之關，到底做這個還是那個的時候，使命會發生很大的作用。所以我希望大家 take it seriously（認真對待它）。」

這與近年來被視為領導力黃金準則的「真誠領導力」不謀而合。比爾．喬治（Bill Goerge）是世界上最受尊敬、最成功的 CEO 之一，曾執掌著名的醫療設備製造商美敦力公司，將市值從 11 億美元提升至 600 億美元，亦是哈佛大學管理學教授、管理暢銷書《真北：125 位全球頂尖領袖的領導力告白》（True North）的作者，被視為推動真誠領導力的領軍人物。他這麼形容真誠領導者：

> 「真誠的領導者是坦率的，有德的，有自己個性和原則的領導者：『他們是這樣的，具備最高的誠實正直的品德，承諾建立長久的團隊，他們擁有深刻的個人願景和價值觀，他們對自己的內心誠實，並且有勇氣來營運他們的公司以實現股東的期望，他們認可自己的服務對社會的貢獻。』」

在《真北》一書中，分享了眾多全球領袖的故事，這個長長的名單裡有福特 CEO 艾倫．穆拉利（Allan Mulally），《哈芬登郵報》創始人阿里安娜．哈芬登（Arianna Huffington），聯合利華永續發展負責人蓋兒．克林特沃斯（Gail Klintworth），紐約市前市長、現彭博創始人兼 CEO 麥克．彭博（Michael Bloomberg），南非前總統曼德拉（Nelson Rolihlahla Mandela），以及「僕人式領導力」創始人羅伯特．格林里夫（Robert K. Greenleaf）等等。這說明，眾多的領導者透過「真誠領導力」獲得了非凡的成就，並為世界帶來積極的影響。

對於我們來說，更重要的是要了解到，領導力並不是與管理職位相等同的事物，只要我們致力於自我發現，並希望為世界帶來正面影響，就可以發揮出潛力並做出相應的貢獻。正如比爾．喬治所說：

> 「你現在就可以找到自己的真北！
> 你不必天生具有領袖特質。
> 你不必坐等命運的垂青。

你不必等到大權在握之後才能成為一名真誠領導者。
在人生的任何階段你都可以勝任領導者的工作，成為一名真誠領導者。」

只要我們留意，就會發現這些真誠領導者及他們帶來的影響。我的一位前同事是負責檔案管理工作的，她幾乎是從零開始，將公司的檔案一步步的收集和管理起來，她說：「剛開始時，大家不理解也不支持，而且總覺得收集檔案很麻煩，又讓他們增加了工作量。我也不能硬性推動工作，我知道他們特別忙，以前有很多檔案沒有歸檔，有其他人遺留下來的工作，於是我就主動協助他們完成這些工作。他們有時想找檔案卻沒找到，而我這裡有，慢慢的，他們就開始主動找我了。到現在，大家都特別支持和配合我的工作。」當我問道，「這項工作好多年都沒有得到突破，是什麼讓妳能夠做到這些呢？」她回答說：「也沒什麼，就是負責吧，既然是我的工作，就要把它完成好。檔案管理是個後臺支援性的工作，我的願景就是讓它真正服務到其他業務部門。這項工作不是讓公司出一紙規章制度就可以簡單完成的。既然其他部門同事那麼忙，我就主動一點。」當她帶著自豪和滿足感在分享這些時，我也再次理解了願景及責任、合作這樣的價值觀對工作的影響，以及實踐價值觀帶來的幸福和成就感。

在實踐願景和價值觀方面，讓我印象很深刻的還有一位跨國公司的人力培訓經理。在正念工作坊中，她意識到關愛他人和關愛自己是不衝突的，而且是可以互相配合的。這個意識讓她堅定了她一直最看重的「愛和幫助他人」的價值觀，也激發了更大的熱情和能量。她更加積極主動的帶給了同事和朋友積極的影響。最近，她還開發了一門名叫「幸福」的公益課程。她的願景是為更多的個人和家庭帶來幸福，特別是那些沒有機會接觸到優質培訓課程的人們。她在努力將這門「幸福」公益課帶入社區。她就是實踐真誠領導力的代表。

願景、使命、價值觀是個人和企業的燈塔，給我們指引。

領導力的效力：本真

願景、使命、價值觀很重要，可是為什麼很多人或是企業並沒能感受到它的力量？原因之一是缺乏本真，或者說，有一些只是表面上的願景、使命和價值觀，並非是發自內心的、真誠的，因此效力也就大打折扣了。

願景、使命、價值觀像是金子，是需要不斷錘鍊來提升其純度的，也只有在遇到困難和挑戰時才能真正測試出它的品質。近些年不時出現的危機事件，都反映出很多的願景、使命和價值觀只停留在表面上，而不是深入骨髓的精神。一家奶粉集團提出「經濟效益、社會效益、生態效益」三者兼顧，然而，其董事長在面對規模擴張和市場低價競爭時，就轉為一切以經濟效益為主了，放鬆了對商品品質的管控，完全沒有顧及社會效益。在爆發了新聞事件後，仍然以拖延和掩飾的方式來處理，造成了非常大的傷害和惡性影響。而反觀該集團的另外一個股東，在得知奶粉遭到汙染後，要求全面召回受汙染的產品，並在遭到拒絕後，向政府報告，主動曝光並解決了這一問題。在面對真正挑戰時，集團的董事長和股東採取了兩種截然不同的回應方式，反映出各自心中真正的價值觀。

真誠是忠於自我的價值觀，而不是基於他人或是外在的期待。由於這些價值觀是我們自己認可和確定的，而不是外界強加的，所以在面對挑戰時，我們基於這些價值觀做出決定就不會覺得特別困難。我們無從知道集團董事長內心的真實想法，但可以設想到，在面對這麼大的危機時，有非常多的方面將受到影響，包括上萬名員工、供應商的工作機會和生活、財務保障、團體和個人榮譽及事業成就等。如果他沒有從內心認為健康和道德比起其他這些都重要時，在面對這一重大衝突時，就容易迷失方向。事實上，並非說健康就一定比財務保障、創造工作機會重要，對於沒有工作機會並影響到生存問題的人們來說，也許財務保障、創造工作機會對於他們才更重要。在工作和生活中，我們經常會遇到這些不同的方面發生衝突的情況，所以，重要的是知道我們更看重哪一方面。這些價值觀並沒有對錯，但是我們清楚的知道我們自己的價值觀，就會幫助我們做出更好的決策和安排。醫藥、食品等與健康相關的行業的核心領導者職位也許由真正重視健康的人來擔當更合適。

願景、使命、價值觀從掛在牆上的口號落實到實際行動取決於本真。當我在一家企業的門口看到一個標語 ——「安全，我們不容忽視」時，並沒有讓我感到多麼印象深刻。在與這家企業的一位員工進行培訓時，她提到「不好意思，我要提醒一下會議室的緊急出口在什麼位置，我們企業強調安全，而這幾乎成了我的習慣」，我就立刻了解「安全」這一價值觀是深入該企業核心的。我們從工廠廁所的整潔程度來判斷其對品質的重視程度；從餐廳的廚房情況來判斷其對健康和衛生的重視程度；從對員工的培訓和發展專案來判斷企業對員工的態度。我們從一個人待人接物的方式來判斷其人的價值觀。言行是否一致是願景、使命、價值觀是否真誠的最佳判斷標準。

換個角度看，忠於自我的、真誠的願景，使命和價值觀才會更持久，更容易做到言行一致。開發了「幸福」公益課程的人力培訓經理分享道：「這就是我想做的事情。在做的過程中我就已經獲得了很多。」也正因為這樣，她才能做到投入業餘的時間，並盡可能的調集資源來做這件事。而六本木新城的「文化都心」的理念，以及把最好的位置用來做森美術館，也與其核心人物森稔的「空想家」、「哲學建築者」理想是分不開的。我曾訪問過一家房地產的一位高階管理人員，請他分享為什麼他們可以花十多年的時間來打造一個專案，他說：「這沒有什麼。這是融在我們 DNA 裡的東西。我們很注重品質和傳承。所以，對於我們來說這是很自然的事情。我們開發一個專案後就會一直經營下去，這就像是我們的家。建造自己的家自然就會希望在各方面做到最好，而不是各方面妥協後做出一個不理想的東西。」

領導者的真誠會帶給團隊和公司非常大的幫助。真實面對自我，就會更客觀的評估哪些是自己的真正優勢、哪些是不足之處；就更容易對別人開放心胸和使討論透明化，更容易聽取和接受不同的觀點和視角，而不會過度擔心自己想法與別人的不同，也不會試圖透過隱藏自己的真實想法去附和或是透過獨斷的方式去讓別人接受；這樣一來，就更容易打造一個以共同願景和目標為導向的，能力互補的團隊和組織。當本真提高時，領導者就更容易做到：

· 明確表達真實意見
· 展示出信念和行動的一致性
· 主動尋求與自己核心信念相左的觀點並做深入探討
· 準確的了解其他人對自己能力的看法
· 以自己的核心信念來做決定
· 在下結論前很仔細的聽取不同的觀點
· 清楚知道自己的優勢和弱項
· 開放的與他人共享資訊
· 能夠抵禦與自己信念相左的事情所帶來的壓力
· 在做出決定前，客觀的分析數據
· 很清楚的知道帶給別人的影響
· 清楚的向他人表達自己的觀點和想法
· 以內在的道德標準來指導行動
· 鼓勵別人提出不同觀點

真誠領導者的以上這些行動，有助於發揮出團隊和組織的強大力量：

· 提升團隊和公司內部人員的信任：當領導者展現出自己最真實的一面，無論這一面是否完美（幾乎可以肯定不會完美，因為沒有完美的人），他／她的同事們可以清楚知道他／她的原則和標準，這就提供了一定程

度的可預期性，而不用去相互猜測，這就為團隊和公司提供了心理安全感，為信任創造了積極的條件。而信任帶來的是對組織的忠誠度和更好的業績表現。

· 適當的授權給其他工作夥伴，激勵團隊發揮更大的潛力。真誠領導者有充分的自我覺知，他們清楚知道自己的優勢和弱項，並坦然的接受，這樣他們就不再一味的關注自我需求，並幫助身邊的人成長。

· 激發團隊的道德感、情感投入，進而增加了團隊的工作效率。真誠領導者以價值觀和高標準的道德要求來指導工作，從而培育出誠實、正直的團隊氛圍，激勵團隊在工作中有更多的情感投入，自然也就有更好的工作產出，從而增加團隊的信心。

真誠領導力對於團隊和企業的貢獻也得到了廣泛的實證研究支持。亞利桑那州立大學的 Fred Walumbwa 和其他研究者發表的〈真誠領導力：基於理論的測量發展及證實〉一文中，對來自中國、肯亞和美國的 5 個不同的研究樣本數據進行分析，證實了真誠領導力有助於提升團隊氣氛、員工滿意度和員工績效表現。

願景、使命和價值觀是個人、團隊和公司的燈塔，而且越真誠，它就越明亮，確保我們不會迷失，帶給我們更大的力量。

發現真誠的願景、使命和價值觀

發現真誠的願景、使命和價值觀對於激發活力，提升我們的幸福很重要。在第三章中，我們介紹了提升心力的方法，但僅僅提升心力只能幫助我們更好的管理情緒、面對挫折和壓力，還可以透過確立目標並實踐以獲得成就來提升我們的幸福感。

一位學員分享說：「大學畢業後就沒有真正的去思考我到底想要什麼，什麼對我是最重要的，然後我就一個勁的往前衝，但沒有去關注該往哪個方向。突然靜下來思考這個問題，對我的幫助特別大。過去這麼忙碌，確實讓自己的物質生活有所改善，但並沒有解決我的根本問題。我要花時間去思考我真正想要什麼，只有這樣，我才能找到真正的幸福。」當我們過於忙碌，陷入日常工作和生活中的繁忙事務，我們需要停下來，花時間去深入了解我們真實的目標、熱情所在和內在的價值標準。只有這樣，我們才會找到每天起床後就充滿熱情的為之付出的東西所在，才會點燃生命的活力。

發現我們的真誠的願景、使命和價值觀並非一件容易的事。「認識你自己」，是刻在希臘德爾斐神廟裡的格言，也是哲學家蘇格拉底的哲學原則宣言。蘇格拉底認為，真正的知識來自內心，而不是靠別人傳授，唯有從自己內心產生出來的知識，才是真正擁有的知識和智慧。認識自己，是一生的事情，發展我們的真誠領導力也是一輩子自我探索、自我完善的過程。在這個過程中，以下的方法可以幫助我們進行自我探索和完善。

透過正念培養自我覺知和自我接納

一般來說，我們似乎清楚自己的目標和價值觀，「我的目標啊？就是工作多賺一點錢吧。這還要問。」或者是，「我想責任感這個價值觀對我很重要吧，從小我就是這麼被教育的。當然有時我也會覺得責任感帶給我龐大壓力，我覺得還是需要忍受吧，畢竟責任感是一件很重要的事。」可是，當我們進一步深入探尋時，卻發現並不那麼確定。「如果我有了錢以後，還喜歡做什麼？我沒有想過這個問題，還真的不知道」；「責任感和自由哪個對我更重要？這真是一個好問題。我還沒有認真思考過。我就是覺得做很多事情是基於責任感，並不是我真正想要去做的，這讓我有點疲憊。這麼一問，我還真的要去認真思考」。

造成這個情況的原因是我們經常只根據外界的標準來決定我們的工作和生活，比如過度希望社會認可、財富和權力等，而忽視了自己的內在需求。還有一個原因是對於自己太過嚴格，希望自己能夠盡善盡美，做到面面俱到，反而忽視了哪些是對自己最重要的目標和價值觀。為了能夠釐清什麼才是對於我們最重要的，我們首先需要培養自我覺知和自我接納。

在正念練習中，當我們不加評判的關注於內、外部經驗的時候，就是在培養我們的自我覺知，這是發展真誠領導力的核心部分。華盛頓大學的布魯斯．艾沃立歐（Bruce J. Avolio）是真誠領導力領域的著名學者。在他所著的〈踐行真誠領導力〉一文中，闡述道：「正念允許領導者，作為一個第三方的旁觀者或是目擊者，用最小的評判，來觀察他／她自己。不評判的自我觀察過程帶來自我接納，這對於真誠領導力很重要。……正念幫助領導者更多的自我覺察到當下的想法和感受。這種後設認知（對認知的認知）能力提升調整能力和靈活性。正念允許領導者打斷自動或者說是習慣性的反應，並可以藉由從自我反思帶來的洞見，進行更為恰當的應對。」

真誠領導力的代表人物比爾．喬治，自己就是長期的正念練習受益者，所以他一直在鼓勵和推動正念的普及。他說：

> 「我規律的進行冥想超過了 30 年的時間。冥想對我提高領導力發揮了最重要的作用。它幫助我有更好的自我覺察，並且對自己和他人有更多的慈悲。」
>
> 「要讓領導人提升自我覺察，他們需要了解他們的成長歷程和所經歷的嚴峻考驗所帶來的影響，並反思這些影響對於他們的動機和行為的作用。不花時間去反思自己的生活、嚴峻考驗和經歷的領導者，更容易受到外在獎勵的誘惑，如權力、金錢和認可。這些領導者可能覺得有必要在別人面前表現得完美，因而使他們無法接納自己的脆弱並承認錯誤。在變得更有自我覺察的過程中，領導者學會接受自己的弱點、失敗和脆弱之處，就如同他們欣賞自己的優勢和成功一樣。在這樣做的時候，他們對自己產生慈悲心，並以真實的

方式與他們周圍的世界建立連結。這使得他們不需要借助偽裝來打動別人。在更深層次上認識自我後，人們學會如何將失敗和負面經歷重新定位為積極的成長機會。」

「正念提供了以世俗的方式來使用佛教等東方傳統的悠久練習方法，發展更高水準的自我覺察和自我關懷的機會。正念領導者的更高層次的平靜、清晰和寧靜，將帶來更有效的領導並發展出更真誠的團隊。」

墨爾本商學院的組織行為學副教授卡羅爾·吉爾（Carol Gill）博士則從另一個角度來闡述正念和認識自我的關係，她說：「從一個角度說，『真實的自我』是一個不斷變化的東西，所以，保持正念，進而在可能多的時點上，覺知到我們自己的想法，我們是誰，這種自我覺知是（培養）真誠領導力的第一件事。」

正念有助於提升真誠還有實證研究的支持。魁北克大學蒙特婁分校追蹤了一項為期三年的真誠領導力發展專案，對於參加學員的正念覺知程度和真誠領導力進行了追蹤研究，實驗證明顯示了兩者之間的關聯。學員的正念覺知程度從3.2左右提升至4.1左右，同時真誠領導力程度從3.7左右提升至4.6左右。在對學員的採訪中，所有參與者均表示體驗到了更高的覺知程度。特別是，這些更高的覺知伴隨著接受和理解自己及他人的態度和行為，以及這些態度和行為背後的需求和價值。如一位學員所說：「最大的差異是，在參與專案之前，我沒有意識到它。現在我知道它……發展了這種理解力，讀懂人、讀懂他們的反應、讀懂團隊、讀懂我自己。」

比利時魯汶大學的 Hannes Leroy 和其他幾位研究者透過對 8 週正念課程的研究得出類似的結論。他們測量了 8 週正念課程參與者的三個不同時點（培訓前、培訓後 2 個月、培訓後 4 個月）的正念覺知程度和真誠程度，伴隨著參與者的正念覺知程度從 3.4 左右提升至 4.4 左右，他們的本真程度也從 3.0 提升至 4.7 左右。

正念有助於自我覺知和自我接納，幫助我們提升真誠。

透過反思人生經歷，探尋願景、使命和價值觀

我們當中的多數人也許一直被外界的評價標準所驅使，而忽視了自己內在的聲音。我們可以請自己最重要的引導者來幫助我們，這位引導者就是我們自己的故事。我們各自的經歷就像拼圖，我們人生故事中的喜怒哀樂，我們做出的不同選擇，一方面是受外界因素和我們內在的願景、使命和價值觀影響的；另一方面也在塑造著我們的願景、使命和價值觀。

有時我們似乎很懂自己，畢竟比起其他人，我們更清楚自己的真實感受。但有時我們又似乎太過於投入其中，反而「當局者迷，旁觀者清」。如果我們能盡力以旁觀者的狀態來審視自己，就既可以了解到真實感受，又可以保持清醒，我們就會成為自己的朋友和導師。就像任何一個故事一樣，我們對自己故事的描述也取決於我們的觀點、視角和感受，即使是同樣一個經歷，也可能會隨著我們描述故事時的不同狀態而有所不同。假如我們剛經歷了一個職業生涯的重大變化，當我們還處在適應期時，可能就會把當下的經歷描繪得相對負面。但如果順利度過了適應期，而且獲得了很大的突破，就會把當時的經歷描繪得相對正面。這些都是很正常的現象。所以對於近期發生的故事，我們的評價可能會有比較大的波動。但如果我們把時間拉長，綜合審視過去發生的重大事件，就更容易發現那些內在、一致和持久的內容。

反思人生經歷的練習可以這樣來做。

（1）首先我們可以找一個半天或一天的時間，這個時間只屬於我們自己。探索自己真誠的願景、使命和價值觀是一件很有意義的事情，它值得我們付出這些時間。在我們投入精力去從事一項事業或進行一些重大決策前，花一點時間去了解自己的人生指南是最好的投資。

（2）參照如下方式描繪出「我曾走過的路」。橫軸是時間，從出生到

現在，每七年一個節點。縱軸是狀態，越向上越表示高峰，越向下越表示低谷。在每個重點的節點上，可以描述出發生的事件、當時的狀態、學習的要點、展現出的品格及其他你認為重要的任何事情。

我們可能會習慣性的把一生的經歷簡單劃分為學習、工作、結婚、生子、親人變故及職業變化等幾個大階段。為了更深入的了解自己，我們需要更多的耐心和時間，在這個基礎上繼續深入下去。例如，在學習階段，有哪些經歷是我們印象特別深刻的？哪些經歷對於後來我們的職業生涯或是尋找伴侶有影響？有哪些對我們有重大影響的老師或同學？我們學習到的最有價值的是什麼？在什麼事情上學到的？當我們以這樣的方式去回顧自己的人生故事時，就會更加的豐富和立體，也就有助於我們更好的了解自己。

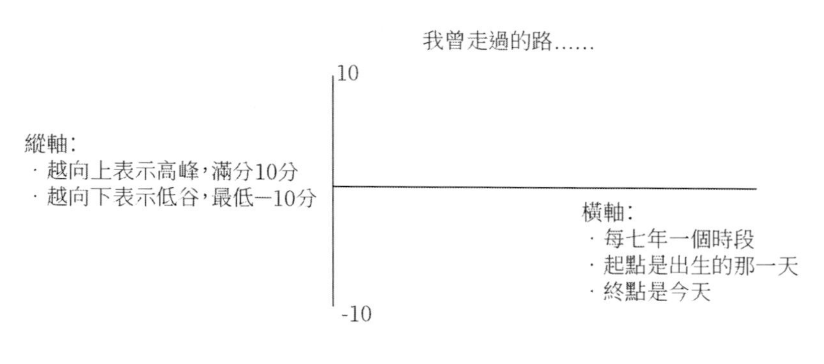

圖 4-1　我的人生故事

(3) 在完成了「我曾走過的路」之後，讓我們全盤縱覽自己的整段人生，從中發現內在的呼喚。我們可以參照如下的問題來逐漸釐清：

哪些人、事件和經歷對我的人生影響最大？從這些人、事件和經歷中，我獲得了什麼？

如果將我的人生分為幾個篇章，我會如何劃分篇章？在這些篇章中有哪些反思？

表 4-1　人生經歷反思

	第一章	第二章	第三章	第四章
章節標題				
本章經歷讓我相信……				
這段經歷以這樣的方式影響著我……				
如果可以回到從前，我希望自己在這段經歷中可以擁有這些東西……				

在我的人生經歷中，我的熱情最先出現在哪裡？它們如何隨著時間而發展？

在什麼情況下，我感到困惑或是矛盾，可能是什麼原因導致這些困惑或矛盾的？

在什麼情況下，我感到極大的滿足和鼓舞，而不是依靠外在的評價？

反思人生經歷，可以幫助我們深入了解自己真正的熱情所在，也可以幫助我們看清自己的優勢和弱項。我自己是在 2014 年第一次做這個練習的，它幫助我發現了自己真正的熱情。當我回顧自己的職業生涯時，從在德勤做審計工作，到在美商網基參與融資，再到美世管理顧問公司做策略顧問，以及後來在企業負責策略發展，再到作為執行長負責人力組織、策略、行銷、營運管理等，在每個不同的工作中，我似乎都能夠盡快的適應並投入其中，整體上都還有相當高的工作滿意度。可是，什麼才是我最有熱情的工作？當我回顧工作中的巔峰時刻時，我發現，並不是完成工作目標帶給我最大的滿足感，而是激發同事的潛力，看到他們的發展，帶給我最大的滿足感。在回顧任職執行長期間的工作時，我發現超額完成了公司的銷售目標只是讓我覺得盡到工作職責，而作為一個同事的輔導人，看到她的變化和成長，卻帶給我異常的愉悅和成就感。帶著這個發現，我又重新審視我的人生經歷。

我的父親是一位小學教師，他喜歡教書育人，很受當地人的尊敬。也許是受他的影響，我在學習期間就喜歡與同學分享學習方法。有一件令我自豪的事，是在大學一年級期間發現自己英文程度很落後，然後透過一本書名大概是《如何學習英語》的書來學習了相關方法，包括如何進行泛讀、如何精讀、泛讀和精讀的比例，然後在二年級期間用了一個學期實踐該方法，讓自己的英語成績突飛猛進。只要有人感興趣，我就會樂此不疲的與他人分享這個方法。在之後的工作中，無論是做審計、策略顧問，還是作為管理者，我都很享受與他人分享自己的學習工作心得，並幫助他人成長。這個回顧讓我更清楚的看到自己最大的熱情所在，就是幫助他人成長和自我成長。這個回顧同時幫助我看到了自己的弱項，正因為我過度投入到自己最有熱情的工作中，反而忽略了我工作職責中的其他部分，包括釐清各部門的分工和獎懲機制，以及確保整體專案的推進進度。這個認識幫助我更好的與管理團隊中的其他成員互相配合，更好的發揮出團隊的力量。

反思人生經歷也有助於自我接納，更客觀的看待自己的優勢和待發展領域，並發展更深層的自信。一位高階管理者正經歷職業轉型，從之前在企業負責策略規劃的工作調整為創立產業投資基金。這個轉變很大，一時讓他感覺力不從心，無從下手。他知道對於轉變，自己也需要一個適應期。而讓他無法接受的是，在之前歷次面對挑戰時，包括大學剛畢業的第一份工作及後來的職業調整，他可以一往無前，讓自己很快投入新的工作中，並獲得了很好的成績，成為行業內的一位明星人物。而現在工作近 20 年後，進入著名企業的核心高階管理團隊，卻無法面對這麼一個轉型。在做完反思人生經歷的練習後，他認知到，過去 20 年的職業發展依靠和發展的是幾項核心能力，特別是分析和判斷能力，而在其他方面，特別是團隊發展和人際溝通方面沒有得到訓練和發展。這個認識幫助他擺脫了職位光環帶來的束縛，更客觀的評價自己的優勢和待發展領域，從而輕裝上陣，在投資決策中發揮出他的分

析和判斷力的優勢，而在發展投資者關係中依靠其他團隊成員的人際溝通能力優勢。

你的人生經歷是一個寶藏，盡量的挖掘它吧！

透過場景式問題，探尋願景、使命和價值觀

為了使我們擺脫外在因素的干擾，更好的傾聽內心的聲音，我們可以借助一些場景式的問題。這些場景是幫助我們從現實中抽身出來，以一個旁觀者的身分來觀察和了解自己。我們有時會覺得這些場景式問題很不符合邏輯或者是很不現實，所以很難投入其中。理解它們的用途和機制，有助於我們進入這些場景。

可以參照如下的方法來練習。

1. 寫出自己認為重要的 7 個價值觀

   價值觀是我們認定事物、辨定是非的一種思維或取向，表現出人、事、物一定的價值或作用。價值觀具有穩定性和持久性，它也是具有主觀性的。正因為其主觀性，所以並沒有一個統一的列表。我們可以首先寫出自己認為重要的 7 個價值觀。如果寫的過程中沒有思路，也可以參考以下的價值觀表〔來自比爾·喬治和其他合著者《找到真北：個人領導力培養指南》(*Finding Your True North*)〕

自給自足	同情心	學習力	團隊合作
樂趣	包容	謙虛	權威
滿足	個性	財富	創造力
榮譽	公平	幸福	成就
忠誠	自由	犀利	安全
職責	抱負	變化	開放
實用	影響力	責任	客觀

為了挖掘出你真正重視的價值觀，可以試著回答這個問題：「你會告訴你的孩子（或是其他你最愛的人），你在工作和生活中所堅守的價值觀有哪些？你希望他們也可以堅守。」請以回答這個問題的方式，寫出7個你認為最重要的價值觀。

2. 為以上這些價值觀，按照從最重要到最不重要進行排序

   我們同時會重視不同的價值觀，這些價值觀都很重要，但為了發現我們的核心價值觀，我們需要不斷審視，發現對自己最重要的是什麼。有些人會覺得很容易，也有一些人會覺得很困難。而這個排序的過程也是我們深入反思的過程。

3. 挖掘這些重要價值觀背後的根源（可以透過自我對話的方式來回答這些問題，或是透過跟同伴分享來探索）

   A. 為什麼它們對你很重要？

   B. 選出最重要的價值觀對你而言困難嗎？為什麼？

   C. 10 年前你會有同樣的選擇嗎？

4. 釐清核心價值觀

   思考一下如下場景式問題：

   A. 如果你明早醒來有足夠的錢過上隨心所欲的退休生活，你會繼續堅持這些價值觀嗎？

   B. 如果這些價值觀成為一個劣勢或者會使你受到損失，你還會堅持這些價值觀嗎？例如，幫助他人是你的一個重要價值觀，如果在路上你看到一個躺在地上的老人，你不確定幫助他／她之後是否反而會被誤解或誣陷，此時，你會繼續幫助他／她嗎？在什麼情況下或是什麼後果，會使你改變或放棄這個價值觀？

在思考完以上問題後，可以看看你是否希望增加或減少哪些價值觀，或者是調整它們的重要順序。改變對這些價值觀的看法是一個正常的現象，它說明了我們對自己有了更深入的思考和了解。在一個 20 人左右的工作坊裡，經常是 4、5 個人相當確定自己的價值觀，而很多人都會在反思過程中進行調整。

5. 從外界和自身行為中對價值觀進行檢查和確認（可以透過自我對話的方式來回答這些問題，或是透過跟同伴分享來探索）

   A. 你的家人、朋友、同事是否知道你的價值觀？如果是，他們是怎麼知道的？如果不確定，是什麼原因造成的？

   B. 你所說的價值觀是否和實際行動有差距？如果有，差距在哪裡？

   我們的實際行為表現，往往更能呈現我們內心真實的價值觀，所以透過外界的回饋，有助於我們更好的了解自己。同時，也有助於發現我們言和行之間的差距，進而幫助我們提升自我。一方面，我們要盡量做到言行一致；另一方面，我們也要了解普遍的人性，要做到絕對的言行一致幾乎是不可能的，也不需要過多的苛責。例如，我們可能很重視誠實這一價值觀，但在實際工作中，面對主管時可能會報喜不報憂，對下屬的缺點可能也會睜一隻眼，閉一隻眼，不會及時加以指正。我們需要做的是：盡可能的覺察這些差距，加以改正，同時深入挖掘背後的原因。

6. 制訂價值觀行動計畫

   在確定核心價值觀後，我們可以制訂相應的行動計畫來落實它，越詳細、具體越好。每天從事基於核心價值觀的行動 20 分鐘或以上，會讓我們感到充滿活力，體會到歸屬感和真實感。

由於我們用在反思的時間較少，也許一次練習還不足以讓我們豁然開朗，找到自己的核心價值觀，但至少會引發我們的思考。在條件成熟時，也經常會帶來突破性的覺察。在我們的工作坊中，也經常聽到這樣的回饋：「我現在才發現原來一直活在別人的期待中，很累，有時都甚至懷疑自己了。當我意識到哪些才是對自己最重要的那一刻，有一種如釋重負的感覺。」

除了以上的練習，還有一些簡單的場景式問題可以幫助我們了解自己的願景、使命和價值觀，例如：

· 如果你要到一個孤島上度過餘生，你只能帶 5 本書，你會帶什麼書？為什麼？
· 如果你是一隻動物，你希望成為什麼？為什麼？
· 如果你是一株植物，你希望成為什麼？為什麼？

這些問題沒有標準答案和標準解讀，但探索的過程本身就很有價值。比如，有些學員說：「如果是動物的話，我希望是一隻鯤鵬，因為可以遨遊於宇宙間。當我這麼思考時，我意識到，也許自由對我來說很重要。」其實，每一本書、每一種動物、每一種植物，都有不同的視角去解讀它，而覺察到我們自己第一時間去解讀的視角，會有助於了解我們最看重什麼。

還有一個「未來的故事」的練習：你作為學員，正在聽一個演講。每個觀眾，包括你在內，都被演講者所說的內容深深的觸動和鼓舞。這個演講者就是 20 年後的你自己。請你寫下：

· 演講者說的是什麼，如何觸動和激勵你？
· 演講者的哪些方面使你欽佩？

這個練習則是讓我們將視野拉長，將注意力從短期的約束條件中脫離出來，站在更高和更遠的維度來思考原點。當我們很投入的回答這些問題時，不僅僅可以幫助我們確定目標和方向，還有助於發現更多的實現目標所需的資源和具體的行動計畫。

令人欣慰的是越來越多的企業家開始以真誠的願景、使命和價值觀引領企業的方向和發展。以下這兩個案例都是真實發生在我身邊的故事，它們帶給我鼓舞，我希望分享給大家。第一個故事的主角陳朔參加了我第一次正念領導力的公開課，從此我們成為朋友。他將從原生家庭中獲得的愛，作為企業經營的最高目的和意義。第二個故事則是我在 2016 年 11 月參加世界商業倫理論壇中聽到的。故事主角企業家周新平在危機中精神得以昇華，確立了企業的願景和使命，帶領企業創造奇蹟。

故事一：傳遞安心與感動的企業健康福利

「41 歲那一年，我對如何看待世界，如何看待自我，都發生了很大的變化，」鼎源萬家的創始人陳朔說道，「當然之前也發生了一些事情。39 歲那年，失去了當時最重要的一個客戶。還有家裡的一些事情，有很多的情緒。」

「那一年我參加了一些工作坊，得到了很多收穫。在一個工作坊中，在 90 多歲的導師帶領的冥想中，我感受到了母親帶給我的愛，父親帶給我的自由。那天真的是偉大的一天。」淚水在陳朔的眼眶裡打轉，「從深層次講，感動應該來自於愛。」

鼎源萬家是一家企業健康福利解決方案提供商，一些著名的獨角獸公司赫然出現在它的客戶名單中。在鼎源萬家的公司介紹中，這樣寫道：

> 目的和意義：傳遞安心和感動。
> 傳遞：作為仲介，我們連接供應商和客戶，我們連接 HR 和員工。傳遞這個詞，表達了我們是價值鏈中的一環，期待我們與合作夥伴、客戶攜手，

把更多的安心和感動傳遞給這個世界。
安心：安全、放心，讓我們努力，讓客戶、合作夥伴、員工實現購買產品和服務時的期待，所有的疑惑能夠得到澄清，所有的顧慮能夠被消除，所有的問題能夠被解答，流程清晰而高效率，服務周到而貼心。
感動：我們把每個環節每個產品都看成是自己的延伸，做到對自己產品和服務百分之百的滿意，深度滿足追求卓越的內心需求，感動自己。進而，我們將這份感動透過產品和服務傳遞給我們的客戶和合作夥伴，讓大家發現我們所提供的產品和服務的獨特之處，感受到我們的用心，獲得感動。

上面的內容來自於我請陳朔分享他是如何找到「傳遞安心與感動」這一目的和意義時的談話內容。他說：「在我上小學時，當我朗讀一些感性的文章時，我很容易就能進入角色，然後觸動到同學，我發現了我不一樣的地方。也許這是我希望傳遞感動的源泉之一。但也許我母親帶給我的愛是最底層的動力。

「2011 年我還參加了盛和塾，學習稻盛和夫的經營理念。當時還有一本書《全速前進》，對我的幫助也很大。這本書不厚，但把願景、使命、價值觀、目的和意義這些講得很清楚。這些都促使我和我太太（共同創始人）去認真思考我們創立鼎源萬家的目的和意義。『幫企業創造價值』、『為員工提供保障』、『幫企業提高效率』，這些說起來都對，但似乎不帶什麼感情，並不是發自我們內心的。於是我們就花了一天的時間，互相提問，到底我們成立企業的目的是什麼？更深層的是我們到底想要的是什麼？當我們真正深入的探索這些問題的時候，答案逐漸浮現出來。對我來說，就是感動，這來自我原生家庭的影響。對我太太來說，她的目的是要傳遞安心。剛開始的時候，『心』和『感動』，似乎還有矛盾，就是比較籠統，比如『安心』更重視如何做大做強，而『感動』則注重如何成為『好』老闆、最佳雇主。直到後來，我們都意識到，這兩者是互為道理的。

「釐清目的和意義、願景和使命對我來說，是個重大的變化。以前，我可以說是一個『既不聽命、也不從命』的人，但我發現自己的使命後，有了根本的動力。我希望可以努力工作，身先士卒，不敢說可以影響多少人，希望可以激勵一些人，感動一些人。

「目的、意義、願景、使命和價值觀影響我們企業的各個方面。首先它成為我們客戶和員工的深度連結點。我們希望為客戶提供能夠帶來安心和感動的產品和服務，也需要我們的員工來提供這樣的產品和服務。我們也越來越知道什麼樣的企業會成為我們的客戶，並不是說我們不為其他企業服務，而是與我們價值觀會產生共鳴的企業，更可能成為我們的客戶。福利其實反映的是企業和員工的關係，不一樣的企業有不一樣的福利。比如，我們為一家獨角獸公司提供的「超級福利」，如果員工身故，可以獲得 5 倍年薪的賠償；幾乎所有的進口藥品都涵蓋在可報銷的範圍；員工的子女、父母和員工的保險範圍幾乎一樣。這些都是基於這家企業以員工為本的價值觀，與我們的價值觀很契合，所以也對我們設計的產品和服務很認可。

「我們要提供的是能感動人的產品和服務。所以在經營策略上也和很多企業不一樣。與很多同行比起來，我們強調產品和服務的深度多於廣度。我們提供更多的客製化產品，而且把更多的資源放在服務上。在福利保險行業，很多企業會把九成的資源放在銷售上，因為這會直接帶來收入。最近也有一些企業希望透過一些技術手法，比如開發一個新的系統，來解決服務和效率問題。基於我們的願景和使命，我們並沒有這樣做，我們覺得服務好更重要，而好的服務來自於好的人、有足夠的收入、穩定的團隊。我們取消了銷售分紅的模式，剛開始以為會有阻力，但實際上並沒有。我們逐漸打造出前、中、後臺都以客戶利益為中心的、無分別心的文化。在應徵員工的時候，我也越來越理解什麼是以價值觀為連結點的含義，在價值觀上有共鳴的人，很容易被我們所吸引，同時也會有好的績效並留下來工作，而對於沒有共鳴的人，也很難讓他們接受公司的文化。

「2014 年我們把公司裡發生的一件事拍了個電影短片。那是我們同事何琴的故事。她那年 28 歲，她工作很努力，也深受大家認可。但她還是有點茫然，一直在尋找，但卻不知道尋找什麼。一天，她接到客戶的電話，說有一位員工去世了。這是一位剛畢業的新員工，轉正職的第二天就突發疾病，住院 1 個月後去世了。這位員工來自偏僻的鄉下，家境不好，這家企業的總經理很重視，希望能夠盡可能的幫助他的家屬，所以親自打電話給何琴，希望盡快與保險公司聯絡，安排身故理賠，而保險公司需要的醫院和公證資料，希望何琴可以協助辦理。那幾天，何琴手上還有其他業務要處理，又來回在醫院和公證處跑，很辛苦，雖然不知道自己為什麼要這麼迫切的做這些工作，但似乎有特別的感覺。當這位員工的父親從雲南趕來處理事情時，何琴接待了他。這位父親說，家裡經濟狀況不好，原本指望孩子大學畢業後可以有個依靠，但沒想到就突然沒了。孩子很孝順，上大學後就沒有向家裡要過錢，也不知道這幾年是怎麼過的。

此時，何琴被深深的觸動了。這位父親還說，孩子所在的公司真好，還有這個福利，千萬元的保險金在老家養老是夠了。送走這位父親後，何琴好像突然聽到一個聲音，這種感覺就是她在尋找的。這是一種感動，感動帶來的是一種安寧和力量。這件事後，何琴說：『身邊的同事都沒變，但我感覺不再是過去的我。我好像知道了我的使命，它就在我的心裡，一直在那裡。原來，工作可以帶來感動，而我可以把感動帶給別人，帶給我自己。』這樣的故事也帶給我鼓舞和激勵。

「所幸的是，在我們確立了目的、意義、願景、使命和價值觀，並真誠的去實踐的時候，我們的業務得到了持續的成長，這也帶給我們更大的信心。『傳遞安心和感動』是我和我太太從內心深處認可的目的和意義，是我們從人生經歷中挖掘出來的東西，這就是我們本質的東西。

「我是一個興趣廣泛的人，很容易被一些新的興趣所吸引。而有時在追尋自己目的和意義的道路上的時候，還需要做一些自己不喜歡做的事情，就需要保持正念，鍛鍊自己的心性，遵循真正的使命和責任，不陷入源自小我的興趣和熱情。這也帶給我更大的力量。」

當陳朔深入內心去挖掘「什麼是對自己最重要的事」、「我想給世界帶來什麼」及「我創辦企業的目的是什麼」的時候，他從自己的人生經歷中發現了目的和意義，從母親的愛和自己的天賦中發現了泉源和力量，並依此實踐時，不但他自己實現了蛻變，也激勵了身邊的同事，吸引了有共鳴的客戶，獲得了業務的成長。真誠的使命和價值觀帶來持續的發展動力。

*****

電影《星際大戰》中提到的原力，是一種超自然的而又無處不在的神祕力量，是所有生物創造的一個能量場。發現原力就可以帶給我們超乎想像的力量。對於個人和企業來說，忠於自我的、真誠的願景、使命和價值觀就是自己的原力。忠於自我並非自私自利，而是基於自己的天賦和召喚，發揮出自己的熱情和潛力。「如果你只想成為別人，你將會變成一個毫無主見的模仿者。因為你以為這就是大家所希望的領導者模樣。一味抱有這種想法，你永遠不能成為一顆恆星。只有追隨自己內心的熱忱，才可以成為一顆獨一無二的恆星」。

進化意識——如何清除盲點，提升意識發展高度

初學者的心空空如也，充滿各種可能性，而老手卻不同。

——鈴木俊隆

領導力高度、創新和進化意識

想像一下這樣一個場景：我們在去往山頂的路上，一開始道路很清晰，雖然向上爬很消耗體力，中間也要經過河流、荊棘等不好走的路段，但路徑是清晰的，所以雖然累但心裡很踏實，並沒有太大的困擾，甚至一路上還是有說有笑，有成就感也有愉悅。走著走著，進入了一片很茂密的原始森林，路越來越不清晰，我們開始緊張起來，開始四處尋找道路的指標，或者折斷樹枝嘗試開闢一條新路出來，經過一番努力後，還是沒有找到明確的路。這時，我們當中有些人開始放棄，等待救援；有些人越發焦躁，更急迫的披荊斬棘，但除了消耗體力外，一無所獲。迷失在通往山頂的森林中，就像是我們在工作和生活中遇到的困境一般。在困境中放棄，等待救援的狀態就像是我們在第一章中所說的「溫水的青蛙」，而徒勞無功的努力就像是「受傷的獵豹」。在這種情形下，我們所能做的，首先是讓自己保持冷靜，管理好自己的情緒，也就是在第三章提到的「提升心力」。接著，我們要再次明確自己去往的方向。身陷困境中，只是意味著通往原設定的目標暫時受挫，但這也同時意味著未來的方向和道路有無數的可能性。如果我們可以明確自己去往的方向，就會讓我們更篤定和安心，也就是第四章所說的「發現真北」。

現在我們可以管理好情緒，也明確了方向，可是具體的道路仍然不清晰，不足以解決全部的問題，我們還處在茂密的原始森林裡，下一步怎麼走呢？

從企業發展的角度，這就類似 1990 年代蘋果公司的情形。1997 年，賈伯斯回到了他所創辦的蘋果公司，出任 CEO，他所面對的是這麼一個爛攤子：股價滑落低谷，市場占比持續下降，僅 Q4 就虧損 1.6 億美元，員工人心惶惶。最需要解決的是策略方向模糊不清、內部產品線混亂繁雜的問題，當時蘋果公司的產品五花八門，在硬體方面，除電腦外，還在勉強經營自己並不擅長的自有品牌，如影印機、顯示器、3D 繪圖顯示卡、多媒體遊戲機，

此外有各種名目繁多的軟體。有一位蘋果的管理人員這樣評價：「無數的產品，大部分是垃圾，由茫然的開發團隊製造。」

為了脫離這個困境，從出任 CEO 開始，賈伯斯處於一種極度忙碌和閉關冥想相互交織的狀態，白天逐一與每個產品小組談話，調查每個專案。幾個星期過去了，賈伯斯找到了突破點。在一次大型產品策略會議上，他抓起白板筆，走向白板，在上面畫了一根橫軸一根縱軸，做成了一個方形四格表。「這是我們需要的。」他說。橫向上，他寫上「消費級」和「專業級」，縱向上，他寫上「桌上型」和「隨身型」。他說，蘋果的工作就是做出四個偉大的產品，每格一個。這個產品策略會議之後，蘋果的工程師和管理人員就專注在這四個領域，結果他們開發出了 iMac、iBook、PowerMac G3 和 PowerBook G3。這些產品很快獲得了成功，1998 年，蘋果就實現了 3.09 億美元的營利。專注而清晰的策略扭轉了蘋果的局面。

清晰的聚焦策略讓蘋果在 1990 年代末重新成為一家優秀的公司。而在之後的 10 年，蘋果則透過創新走向偉大的公司。2007 年 1 月，賈伯斯在產品發表會上說：「每隔一段時間，就會出現一個能夠改變一切的革命性產品。最早的麥金塔，它改變了整個電腦行業。第一臺 iPod，改變了整個音樂產業。」經過一番小心翼翼的鋪墊，他引出了自己即將推出的新產品。「今天，我們將推出三款這一水準的革命性產品。第一個是寬螢幕觸控式 iPod，第二個是一款革命性的手機，第三個是突破性的網路通訊設備。」他又將這句話重複一遍以示強調，然後問道：「你們明白了嗎？這不是三臺獨立的設備，而是一臺設備，我們稱它為 iPhone。」當時，蘋果的競爭對手堅稱，iPhone 售價 500 美元很難成功。微軟的 CEO 史蒂芬．巴爾默在接受美國全國廣播財經頻道的採訪時說：「它確實對商務人士沒有吸引力，因為沒有鍵盤。」但到了 2010 年年底，蘋果公司已售出 9,000 萬部 iPhone，利潤占了全球手機利潤總額的一半以上。iPhone 顛覆了傳統的手機，創造了一個新

的品類，這也使蘋果和賈伯斯步入真正的卓越的行列。

現在，用創新去面對不斷變化的環境已是企業管理者的共識。創新不僅帶來龐大的商業價值，更讓人感受到無限的可能性，從而使人從被局限和束縛的狀態中感受到更大的自由的可能性，從某種角度上說，創新是有社會意義的。

1997 年，蘋果公司從一堆產品中確定了四個向度的產品方向；2007 年，蘋果公司推出了「三合一」的 iPhone；沒有停留在原來的思維上，而是以新的角度提出解決方案或是創造了一個新品類。1997 年之前，蘋果的思維方式是以盡可能多的產品來滿足不同的功能和客戶需求，結果產生了一堆不優秀的產品，而賈伯斯的思維方式卻是提供聚焦的少數極致產品。iPhone 誕生之前的思維方式是，手機是手機，電腦是電腦，而且電腦就是有鍵盤的樣子。在手機的行動支付出現前的思維方式是社交軟體就是用於交流的，而不是有其他應用功能的。新的思維角度和新品類所創造的價值是龐大的。

新的思維角度和新品類的創新來源於我們的認知能力的提升。有兩種不同的學習：一種是在水平方向上的橫向學習，我們學習更多的知識、技巧，可以處理更多技術性的議題。另一種是垂直方向上的縱向學習，我們可以看到更多的觀點和可能性，包容和整合差異性，解決在水平方向上無法解決的問題。在垂直方向上的縱向學習，其重點是擴大我們的心智容量，或者說提升我們的認知維度，進化我們的意識。無論是在水準方向還是在垂直方向上突破，都可以帶來價值，但是越是垂直方向上的突破，創造的價值越大。從 Nokia 的帶鍵盤手機到 iPhone 是垂直上的突破，而從 iPhone 到 iPhone 4，再到現在的 iPhone 最新一代，則是水平上的拓展。兩者的區別顯而易見。

縱向的突破對於專業經理人提升領導力非常重要。在世界著名的管理顧問大師瑞姆．夏藍（Ram Charan）提出的領導力梯隊模型中，領導力發展的六個階段都需要實現縱向突破，實現向下一個階段的轉化。

表 5-1　領導力發展階段

領導力發展階段	典型職位	工作理念認知突破
第一階段轉型：從管理自我到管理他人	一線經理	· 重視管理工作而不是親力親為 · 透過他人，完成任務
第二階段轉型：從管理他人到管理經理人員	部門總監	· 管理工作比個人貢獻重要 · 重視其他部門的價值和公司的整體利益
第三階段轉型：從管理經理人員到管理職能部門	事業部副總經理	· 大局意識，長遠思考 · 開闊視野，重視未知領域
第四階段轉型：從管理職能部門到事業部總經理	事業部總經理	· 從贏利的角度考慮問題 · 從長遠的角度考慮問題
第五階段轉型：從管理事業部總經理到集團高階管理者	集團高階管理者	· 大局意識，長遠思考 · 開闊視野，重視未知領域
第六階段轉型：從管理集團高階管理者到執行長	執行長	· 推動公司漸進的變革與轉型 · 長期與短期之間尋找平衡點並有效的執行 · 保持與董事會密切溝通與協作 · 傾聽各利益相關者意見

這些突破由於不在同一個維度上，所以要實現它是一件很有挑戰的事情。決定一位職場人是否能從普通財務人員成長為財務經理，再到財務總監，再到 CFO，並不是在水平方向上財務知識的多寡，而是在垂直方向上的認知突破。例如，財務總監的工作內容還主要以財務工作為主，包括財務報告、稅務、資金及預算等，而 CFO 的工作需要從策略方向上掌握資源配置，與董事會和投資人保持溝通，並支援業務部門的策略和財務規畫實施，要勝任 CFO 的工作，不再是在財務總監的能力上再增加一個模組那麼簡單，而是從策略思維、溝通影響及團隊管理上的垂直方向上的提升，所以要實現突

破需要擴大心智容量。

瑞姆．夏藍的領導力梯隊模型適用於我們熟悉的大型企業等級式組織架構，而組織方式也一直在創新。近年來，組織的發展也出現了縱向維度的突破，如以產品經理為核心的小而美的創新驅動團隊，每個團隊的規模在幾十人，卻可以產生龐大的價值，對於每個團隊成員都要求有很綜合的能力，這完全有別於傳統的百人、千人規模的組織方式。而這種新的組織方式也將重新定義領導力的要求。這其中不變的是對領導者的提升縱向認知能力的要求。

通常當我們提到領導力時，首先想到的是在人際關係上有影響力的人物，而不會想到科學家、藝術家之類。著名的發展心理學家和教育學家、多元智慧理論創始人、哈佛大學教育研究生學院心理學教授和教育學教授霍華德．加德納（Howard Gardner）在《領導大師風雲錄》一書中提到，邱吉爾和愛因斯坦都是領袖，即那些極大的影響了人們的思想、行為和情感的人。邱吉爾透過和各種聽眾交流故事來擴張他的影響，可以被稱為「直接領袖」，而愛因斯坦透過他思維的結晶（特別是重新定義時間和空間）來施加他的影響，可以被稱為「間接領袖」。而「創新性程度決定了領袖的地位」。

隨著科技對我們日常生活的影響日益廣泛，間接領導者的影響與日劇增。在企業方面，越來越多有產品和技術背景的人員將擔任領導者職務。對於未來的領導力發展的挑戰是，如何透過產品本身和溝通（包括行銷、廣告、形象等全方位的內外部溝通）兩個方面來施加影響，也就是同時發揮出間接和直接的影響。賈伯斯無疑是這方面的天才，他不僅僅能創造出新的產品種類，也能很好的與大眾交流創新的故事。未來，將湧現出越來越多這樣的領導人才。

無論是企業還是個人，最終讓我們脫離困境並獲得發展的，是新的思維方式和解決方案，而這需要我們在認知上的縱向提升，進化意識。

進化意識：提升心智結構和發展後設認知

在知識和資訊爆炸的時代，我們難免會陷入一定程度的知識和資訊焦慮，擔心沒能跟上最新的知識和資訊。然而，我們沒有意識到，以既有的思維模式來運算資料，僅僅是知識儲量的增加，並不能創造多大的價值。經常被我們忽略但卻重要的是思維模式本身發生改變，也就是轉化或蛻變。我們不僅僅要提升認知內容的量，更要提升認知的模式，也就是要擴展心智的容量。我們可以從兩個方面來提升，一是提升我們的心智結構；二是發展我們的後設認知能力。

提升心智結構

哈佛大學著名教授和建構發展心理學家羅伯特·凱根（Robert Kegan）是成人意識發展領域的研究權威。他提出的「思維複雜度」（Mental Complexity / Orders of Mind）是該領域近年來重要的理論之一。

凱根教授認為人的頭腦對於世界的認知，是一個不斷從「主體」轉變為「客體」的過程，這裡的「客體」是指一個人可以掌控的事物（意識、過程、事件、實體等）。我們很容易理解的客體是指一個具體的物體，但客體也包含很多抽象的概念，如一個人的性格、行為、欲望、情緒等。比如，當一個人可以控制自己「失望」的情緒時，「失望」就是一個客體，是可以在某種層面被體會、觀察並控制的。與之相對的「主體」則是無法被控制的，人反過來被其控制和影響。比如，一個人容易「沮喪」，「沮喪」這種情緒控制著這個人的時候，其就是主體，而此時這個人在很大程度上無法意識到「沮喪」對自我的控制。當我們可以把需要認知的對象，從無法控制的主體轉移到可被觀察和掌控的客體時，我們看待問題的角度就會比較複雜全面，而這個過程就是成長。剛開始時，我們只能從單一或少數幾個角度思

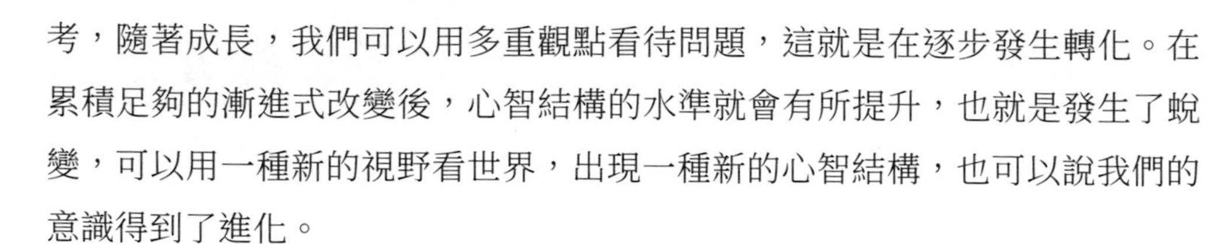
考，隨著成長，我們可以用多重觀點看待問題，這就是在逐步發生轉化。在累積足夠的漸進式改變後，心智結構的水準就會有所提升，也就是發生了蛻變，可以用一種新的視野看世界，出現一種新的心智結構，也可以說我們的意識得到了進化。

對於成人來說，有四個不同層次的心智結構，包括如下內容。

「以我為尊」（青少年和少數成年人）：可以了解和掌控自我的認知和衝動，但卻非常容易被自我的需求和欲望所控制；只能接受自己的觀點，別人的觀點對他來說是神祕而看不透的，所以只能用自己看到的資訊去推斷別人的意圖。

「規範主導」（年輕人和大部分成年人）：開始有能力壓抑自己的欲望和需求，順從他人的想法，此時的需求和欲望變成了可被駕馭的客體。他們能夠進行抽象思維，能夠反思自我和他人的行為，能夠捨棄個人需求，為某些更有價值的事物做出犧牲和貢獻。處於這個階段的人的「主體」是人際關係和親密度，因此他們非常容易受到社會大眾想法或者他人想法的影響，借助外在的觀點來看待世界，進行價值判斷。

「自主導向」（某些成年人）：能夠重新審視和協調各種規則體系和觀點，此時別人的想法或者社會的規則成為「客體」，規則變得可以駕馭，矛盾變得可以協調，而他們也會更加容易做出自主的決斷。這個階段的人的「主體」是他們自我的意識形態和身分認知。他們不僅能採取多樣角度思考，同時還可以保持自己的觀點。他們能了解別人的觀點與想法，同時經常運用別人的觀點和意見來強化自己的論點或原則。

「內觀自變」（很少的一些成年人）：這樣的人掙脫了某種意識形態或者身分的束縛，能夠跨越系統的思考，做系統之間的整合。他們除了看到和明白別人的觀點，還能利用他人的觀點來持續提升自己的思維系統，令個人

的觀點更寬廣與包容。處於這個意識階段的人，更加容易展現變革、創新和發展他人的狀態。

心智結構與我們的能力有很強的關聯度，如表 5-2 所示。

表 5-2　心智結構發展

心智結構	主體	客體	關聯能力	學習模式	挑戰
內觀自變	辯證法思想	自主管理 身分 意識形態	遠見 創新 管理不確定性 變革 教練	批判和創新式學習	超脫 看空一切
自主導向	自主管理 身分 意識形態	人際關係 親密度	推動結果達成 影響說服 關係管理 適應和推動變革	應用和參與式學習	缺乏變通 強勢自大 教條主義 彰顯信仰
規範主導	人際關係親密度	需求 興趣 欲望	人際溝通 團隊合作 達成任務	被動接受式學習	從眾 盲目 世俗片面

心智結構發展到越高的階段，就可以面對和解決越複雜的情況。然而，目前社會的挑戰是，「人們的意識發展沒有達到社會的需求」。在一項對幾百人的心智結構的研究中，很多被研究者是受過良好教育的中產階級，這些中產階級被研究者中，58%的人的意識發展沒有達到自主導向的階段，只有很少人可以超越自主導向階段，21 個行業領先公司的 CEO 中，只有 4 個超越了自主導向階段，而這 4 位的業績表現也優於其他人。在 VUCA〔VUCA 是 Volatility（易變性）、Uncertainty（不確定性）、Complexity（複雜性）、Ambiguity（模糊性）的縮寫〕時代，我們需要更多擁有「內觀自變」心智結構的領導者。

發展後設認知能力

阿里·德赫斯（Arie de Geus）是當代管理大師之一，他在殼牌石油集團工作了 38 年之後，成為倫敦商學院訪問學者和麻省理工學院史隆管理學院組織學習中心的董事成員。得益於自身長期豐富的管理實踐經驗，德赫斯推出的一系列論著以兼備理論性與實踐性而聞名。他在「學習型組織」概念發展中扮演著重要的角色，他認為企業「比你的競爭對手學習速度更快，可能是唯一可持續的競爭優勢」。

學習能力對於企業和個人都非常重要，這已經是一個共識，就像一句著名的口號，「未來，屬於終生學習者」。在學習能力中，後設認知能力又是一項最重要也最根本的能力。後設認知，簡單來說，就是對認知的認知，我們不僅可以思考，還可以知道我們在思考什麼，也就是說我們對認知活動有自我意識並可以進行自我調節。學習不僅是對學習資料進行感知、記憶、理解和加工的過程，同時也是我們對該過程進行積極監控、調節的後設認知過程。

認知是認知活動的最高水準。認知活動的效果如何，相當程度上取決於認知的發展水準。心理學實驗和教學實踐顯示，學習成績優劣，與後設認知發展水準的高低有關。學習成績優秀的學生，能夠在學習過程中很好的監控自己的學習活動，靈活的運用各種學習策略，並對學習過程中的錯誤進行及時修正。而不善於學習的學生，不能對自己的學習過程進行有效的監控，即使發生認知錯誤也渾然不知。有一個現象很直接的說明這一點，在考試結束後，優秀的學生往往能夠相當清楚的回憶答題過程，判斷結果正確與否，並對考試成績進行較為準確的預測。而學習成績不好的同學，對自己答題的過程模糊不清，很難準確評估考試成績。

認知能力也是領導力發展的一個基礎必備能力。華盛頓大學的布魯斯·艾沃立歐（Bruce J. Avolio）和西點軍校的尚恩·漢納（Sean Hannah）

合著的文章〈發展的準備：加速領導力發展〉中指出，要使領導力發展有效，不僅僅是領導力發展的方案有多好，更重要的是管理者們是否做好了「發展的準備」。正如世界著名的領導力教練馬歇爾．葛史密斯（Marshall Goldsmith）所說，使高階管理者們發生改變的不僅僅是他的教練技術，更重要的是這些被教練的高階管理者們是否有意願接受教練和改變。

領導者「發展的準備」包含了五大要素，其中就包括認知能力。兩位作者解釋了後設認知能力對於領導力發展的重要性。

領導力要求有複雜的認知能力及社會問題的解決技能和能力。這些能力能幫助領導者們更好的理解他們自身的發展經驗，進而加速領導力的發展。後設認知能力與檢視自我建構有關（註：自我建構指從看待自我和他人關係的角度探討個體自我表徵的構成。不同文化中，有著根本不同的視角：西方人強調自我與他人的差異——「獨立型自我建構」，東方人強調自我與他人的連結——「依存型自我建構」）。當面對發展中的誘發事件時，管理者的第一層次的認知只能專注於處理這些事件上，而對於自我建構的發展沒有帶來變化。後設認知能力則是對於人們在體驗這些事件時的思考過程的內省，從而使得這些事件可以被用來解釋和調整自我建構。例如，在第一層次，一位管理者會評價一個發展中事件如何影響他的情緒以及這些情緒如何影響判斷。一位管理者也可以透過後設認知來反省憑藉這些資訊是否足夠做出判斷，以及是否還需要其他什麼資訊來改善他的判斷。

此外，後設認知能力還和更高程度的自信、以目標為導向、以精通為導向相關。當管理者有更高的學習目標及以精通為導向時，會花更多的精力去審視領導力的發展需求，並更積極的去尋求回饋。這些對於領導力的發展都十分重要。

後設認知是學習如何學習的能力，是擴展我們心智容量的基礎性能力。

持續的擴展心智容量

提升心智結構和發展後設認知很重要，可是這兩個都還是比較抽象的概念，有什麼具體的方法可以來練習嗎？可以參考以下的一些方法。

正念練習，特別是觀察念頭和開放式覺知練習

正念是一個很簡單但又非常深奧的練習。我們之前從情緒管理和發展更真誠的自我來介紹了正念，而這次則要介紹正念對於進化意識的作用。

正念與提升心智結構

聖塔克拉拉大學心理學教授、知名的正念專家 Shauna L. Shapiro 和其他幾位研究者在〈正念的機制〉一文中指出，建構發展心理學家凱根教授提出人的認知發展是一個不斷從「主體」轉變為「客體」的過程，而正念正是這麼一個持續的「主體」轉變為「客體」的過程。

正念練習中，當我們不做評判，專注於當下的內、外在的經驗時，會不斷的加強「作為觀察者的我」。這個「觀察者」不斷的把心從原來完全沉浸於的某些想法或思緒中抽離出來，也就是「觀察者」持續的將想法、思緒變成「客體」，從而使我們對世界的認知更加趨近於客觀。

我們對世界的認知都不可避免的受到自身經驗、知識、觀念等各方面因素的影響，不可避免的帶有自己的主觀色彩。如同美國哲學家恩斯特・凡・葛拉瑟菲爾德（Ernst Von Glasersfeld）所說：「我不否認客觀世界的存在，但是誰又能夠把這個客觀世界客觀的描述出來？」如果可以不斷的覺察到自身的這種局限性，能夠不加評判的平等對待別人對事物的看法和自己對事物的看法，就能夠對事物有更好的、更全面的認識。這也就是「盲人摸象」的故事中所要闡述的道理。

以瑞姆．夏藍的理論，CEO 面臨的理念突破之一就是傾聽各利益相關者的意見；而凱根也指出，要發展出「內觀自變」的心智結構就要突破自主管理和身分的局限，能辯證的看待問題，進行批判式和創新式學習。

伴隨著正念持續將「主體」轉變為「客體」的過程，是不斷的覺察深層意識內容的過程。如果把心比作湖水，把覺知能力比作對著湖水照射的光線。湖水的表面是我們所能覺知的想法、觀點、情緒等，湖水的中間部分則是潛意識的內容，而湖水底部則是無意識的部分。在沒有練習的情況下，湖水有波浪，而且光線也很發散，所以只能照亮湖水的表面。在持續保持正念時，湖水更平靜，光線也更集中，就像聚光燈，可以穿透表面，照亮湖的中間甚至是湖底。

杜小姐是一家世界領先醫藥公司的亞洲區的一位部門負責人。在一次會議上，聽到其他部門同事不停抱怨但卻不採取行動時，她感到「升起了一種非常複雜的情緒，一方面對於其他部門同事們的行為（只是抱怨卻不行動）感到失望和憤怒；另一方面也有要與其他部門同事們『同流合汙』的衝動，一種『如果不與他們在同一戰線』上所帶來的擔心」。在陷入這些情緒和思緒時，她「頭腦很混亂，思路也不清晰，覺得自己應該做些什麼，但是也不知道自己該如何做」。片刻之後，她開始嘗試不加評判的觀察自己當下的情緒和思緒，突然她「認知到自己和同事陷入負面情緒中」，而這個認知似乎有個神奇的力量，一下讓她頭腦清晰起來，於是她問了大家三個問題——「內心有什麼需求沒有獲得滿足嗎？」「什麼導致了這個問題？」「我們能做什麼來解決這些問題？」會後，很多同事告訴她，「妳的這種勇氣正是團隊需要的」、「謝謝妳的提問，它們讓我去思考如何做正確的事」。當我詢問杜小姐，當時是怎麼想出這些問題的？她說：「就是一種突然腦子平靜之後帶來的靈光一閃，而不是一種慣常的思考。」這正是正念加深覺察的一種表現。

正如心智結構的發展是一個逐漸產生變化的過程，正念對於意識發展的作用也是一個持續的、潛移默化的過程，並非是做幾次正念練習之後，馬上就會有頓悟。但在大量的正念練習後，比如，連續 10 天的內觀練習，很多人有了明顯的深層意識突破。佩奇是銀行的一位高階管理者，在參加完 10 天的內觀練習後，她的深層覺察是「在企業裡，大多數人都在基於『恐懼』去工作，關心的是能否保住工作或能否達到業績指標，我們需要問自己商業的基本目標是什麼，目標應該是為你我服務，當然我們應該關心利潤。如果我們做的是好的商業，利潤會隨之而來，而不是為了利潤，做什麼都可以」。Jan Hofstede 是一位企業老闆，他的突破則是：「男人就是要把自己封閉起來，如果有困難，男人傾向於留在心裡。而這種內觀的練習給了我深層的覺知，這改變了我的生命，我周圍的人能感受到這種改變。我的妻子說：『經過了 6、7 年，這是我第一次覺得你真的是在這裡。』」這種深層意識突破就接近於心智結構的一個提升。當佩奇覺察到需要從「基於恐懼」地工作轉化到「回答商業的基本目標」，這其實是從「規範主導」心智結構發展到「自主導向」的心智結構，「基於恐懼」的工作是源於意識的主體還是來自社會認同，而沒有考慮過什麼才是正確的事，沒有能以自己的價值觀來判斷。類似的，Jan Hofstede 則突破了以所謂的「男人的身分」來看待世界的局限，形成更辯證的看待問題的心智結構。

在心智結構的發展上，創新是一個要求有很高心智容量的能力。透過正念，可以提升認知靈活度和開放度，有助於提升創新能力。

首先讓我們用一些直接的經驗和知識來探索兩個問題：什麼樣的人比較有創造力？在什麼狀態下我們會有更多創意的想法？

什麼樣的人比較有創造力？可能我們馬上會想到一些天馬行空的藝術家，如畢卡索、達利、Lady Gaga；在商界，像理查．布蘭森、賈伯斯等。

創造力卓爾不凡的人有一些看似矛盾的特點，他們一方面喜歡獨處、享受內在的精神生活，同時對於風險、無序、複雜、混亂有很高的容忍度。正如那句名言「天才和瘋子之間只有一步之遙」。創造力是一種內在的緊張的產物。因為這種天馬行空，有時甚至可以說是沒有邊界，我們很容易看到混亂的這一面，但同時也要看到，能夠讓好的創造實現的，還包括理性的一面，也就是那「一步之遙」的控制力。

在什麼狀態下我們會有更多創意的想法？很多人的直接經驗是在洗澡的時候，不是很刻意的想一個事情，但就是在放鬆時刻突然靈光一現，最著名的就是阿基米德在洗澡時發現浮力原理的例子。在洗澡時產生好點子的機率，要比在工作中產生好點子的機率大得多。在《用科學打開腦中的頓悟密碼》一書中，美國費城卓克索大學研究創造力和分心的心理學家 John Kounios 和美國西北大學的心理學家 Mark Beeman，將產生新的洞見的過程描述為「未意識到的孵化」的過程。在能意識到的層面上，我們會經歷「沉浸（陷入思考）」、「僵局」、「分散注意」到突然產生洞見的過程，其實在整個過程中，在我們沒有意識到的層面，一直在孵化新的想法，在放鬆的時刻，好像一下子想法就成熟了，破殼而出。例如，洗澡或是散步時身體和精神輕度活躍，環境讓人很放鬆、舒適，又不覺得無聊時，我們有足夠長的時間來迎接源源不斷的思想靈泉，就為這些「未意識到的孵化」提供破殼而出的機會。

以上這兩點，不僅僅是我們的直接經驗和知識，也是心理學家的研究發現。更學術一點的說法是：

· 從心理特質上，開放性是預測創新能力的最有效要素。從認知層面來說，需要的是認知靈活度。我們可以簡單的把開放性類比為理性的天馬行空。

· 積極的情緒有助於產生新的方法。積極情緒幫助我們進入放鬆和適度活躍的狀態，為好創意創造條件。

正念對於這兩個方面都有所幫助。

我們可以自己做個認知靈活度的小測驗：磚有多少種不同的用途？在 5 分鐘內盡量想得越多越好，越奇特和越有原創性越好。很常見的包括：1. 造房子、2. 砌院牆、3. 鋪路、4. 剎住停在斜坡的車輛、5. 作錘子、6. 作紙鎮、7. 代尺畫線、8. 墊東西、9. 搏鬥的武器、10. 裝飾、11. 作垂線、12. 拍打物體、13. 練臂力、14. 雕刻、15. 在地上畫畫、16. 下雨後過水坑時作橋等等。還有一些比較好玩的，如「當作傾訴的對象」、「金磚也是磚，所以拿來賣」、「和玩伴用來當作暗號」、「立在太陽下來判斷時間和方位」等等。這是一個經典的測試擴散性思考，或者說認知靈活度的方法。荷蘭阿姆斯特丹大學的 Matthijs Baas 致力於研究組織的創造力，他和他的同事進行了正念和創新關係的研究。他們比較了不同正念程度及正念訓練前後對以上這個擴散性思考測量的結果，證實了正念有利於提高擴散性思考，或者說認知靈活度。

當我們不加評判的覺察我們的情緒、身體感受、想法以及外部的聲音、視覺、氣味等時，這種以觀察者的角度體驗內、外部經驗的練習就會提升我們的開放性。也就是正念五要素（覺察、描述、有意識行動、不評價和不反應）中的「覺察」，也就是當下的覺知，包括認知、軀體感覺、想法、情感；不分心，哪怕它們是讓人不舒服的或痛苦的感覺。這種「覺察」與開放性最相關。

在情緒狀態方面，正念能有效的讓我們進入平靜而放鬆的狀態，一方面它使我們擺脫情緒對於認知的限制，如在負面情緒的時候，我們沒辦法好好思考，同時，正念也可以幫助我們把負責推理、邏輯思考和計劃的大腦皮層的活躍度適度降低，使我們擺脫過度的「慣性思考」，讓新的想法可以進

來。透過正念練習，我們可以更多的創造出類似在洗澡時這樣的精神狀態。正如 Google「開心一哥」、著名的正念課程「探索內在的自己」的創始人陳一鳴所說：「當思想沒有受擾動時，當心是平靜的時候，此時最有利於以創新的方法解決問題，正念的力量之一就是在需要時達到這種狀態。」

在第四章中我們介紹的真誠領導力的領軍人物比爾・喬治，他也提到冥想不僅有助於發展本真，也有助於創新：

「冥想是我讓自己平靜下來，並從日常中脫離所做的最好的事情。透過關注自身，我可以專注於最重要的事情上，發展出內在的幸福感，並在決策上更清晰。我的最創新的想法來自於冥想，並且冥想提升了我面對困難的復原力。」

看起來正念是提升專注力最直接和顯效的方法，並不直接關聯創新、開放。事實上，正念是對開放和專注兩個方向的不斷拓展。史考特・巴瑞・考夫曼（Scott Barry Kaufman）是賓州大學正向心理學中心想像力研究所的科學主任，他的主要研究方向為智慧、想像力和創造力的測量與開發。在他和凱洛琳・格雷瓜爾（Carolyn Gregoire）合著的《我的混亂，我的自相矛盾，和我的無限創意》一書中，提到了正念是這有助於創造力的 10 件事之一。

正念透過持續的「主體」轉變為「客體」的過程，以及不斷拓展認知的靈活度和開放性，來發展我們的心智結構。

正念與發展後設認知力

正念練習在持續、潛移默化的提升我們的心智結構。同時，也在持續發展我們的後設認知力。正念是「有意的、不加評判的、專注於當下而升起的覺知」，這其實包括對於注意力的自我管理，包括對於注意力的覺知、維持注意力在當下、當注意力不在當下時邀請注意力回來，這種對於注意力的覺知和調節，就是後設認知力。

美國正念教師和神經科學研究顧問真善（Shinzen Young）經常用數學的比喻來解釋正念過程中的現象。他採用系統的方法來講授正念，並與哈佛醫學院、卡內基梅隆大學及佛蒙特大學在冥想神經科學方面進行合作。他自學數學的經歷，生動的說明了正念與後設認知能力的關係，以及對於學習的幫助。

「我在求學時，數學和科學方面的成績非常差。我討厭它們，記得讀中學期間，我帶著 D 和 F 成績回家，很難被家人接受。我父親喜歡數學而且上學時成績很好，所以他期待我也會表現得不錯。但是在學校我的成績一般，數學和科學尤其差。所以，因為我的成績，時常跟家裡起衝突。我還因此有心理陰影，因為我不能學好這些學科，我有很多的自我懷疑、憤怒、害怕和悲傷的情緒。」

當被問到，他是如何從數學「白痴」變成現在可以很自在的演算複雜的數學公式（他自學到數學研究生的水準）時，他解釋道：「首先，我心裡有種動力。在 1970 年代初的時候，我就有一個想法，東方最好的事物和西方最好的事物應該結合並互相滋養。東方最好的事物是冥想這樣的內在科學，特別是正念。我認為，正念在許多方面與科學的方法是一致的。正念（透過對當下的每一刻的觀察）把事物分解為元素，然後你會看到這些元素是如何互動的。在學習到東方文化的精髓，也就是冥想這種內在科學後，我再去尋找其他文化的精髓，而能與之搭配的，就是西方的科學了。所以我從寺廟裡回來後就想去學習科學。同時我堅持冥想。我感覺到，在未來，西方科學和東方冥想的對話會在人類歷史中變得很重要，我想參與其中，不僅僅是作為一名冥想練習者，也是一名對於西方科學有足夠了解的人。」

「後來，我遇到了一位我尊敬的人。他在數學和科學方面都很強。給了我一個非常好的建議，他說如果你想掌握科學，先要學數學。數學學好了，其他學科比如物理、化學、生物化學、神經科學等，都不在話下，你首先要

學微積分、拓樸學等。這真的是一個非常好的建議。而我能給別人的唯一更好的建議就是去學習冥想，冥想會幫助你超越過去帶給你的限制，正如數學和科學對於曾經的我的限制一樣。」

「那我將如何透過冥想來克服這些？首先，冥想帶給我集中注意力的力量。當我還是孩子的時候，我看數學書，看了一遍，看不懂;試著又看一遍，還不懂；我再看一遍，還是不懂，於是我就放棄了，那時我沒有足夠的集中注意力的力量。現在，作為冥想練習者，我有了集中並維持注意力的能力，我持續的把注意力拉回到當下。我沒有嘗試 3 次就放棄了，而這產生了極大的差異。所以，首先是集中注意力的力量。其次，我之前有一個自我定義：我這方面不行。這個定義來自於哪裡呢？它來自於我頭腦裡的畫面、自我對話，還有我身體上的情緒反應。作為冥想練習者，每次這個念頭產生的時候，我就把它分解成更細小的念頭，更短暫的時間，一次又一次、一次又一次的觀察，『你永遠都無法做到』，『你現在還做不到』，突然你發現可以接受它，甚至是愛上這個念頭。當我愛上這個念頭的時候，就是在向它們肯定的說，這不再需要發生了。」

「『集中注意力』、『超越過去的限制』，這些聽起來很酷，也有很多人將信將疑。最重要的是，我沒有自欺欺人，當我可以解微分方程式並樂在其中時，就證明了這真的是有作用的。」

真善從數學「白痴」到自學成才並達到研究生水準，就是他透過正念，極大的提高了後設認知力的過程，後設認知力的提高，使他能夠對於認知過程進行監控和調節，進而可以學習原來認為不可能學會而且很害怕面對的學科。

正念提升認知力，從根本上提升學習能力，也是領導力發展的基礎要素。

我們了解了正念對於進化意識作用的機制。其中哪些練習會更有直接的效果呢？在第二章介紹的正念練習中提到，德國研究機構馬克斯．普朗克學會研究顯示：「觀察念頭」的練習最有利於提升對自己想法的覺察，並減少對他人的評判，「觀察念頭」正是在發展心智結構中所需要的多面向思考的訓練，也是真善在訓練自己學習數學時，發展認知力所採用的方法。此外，致力於研究組織創造力的 Matthijs Baas 在研究中說明，正念中的「覺察」最有利於提升開放性和創新，而「開放性覺知」的練習對此很有幫助。「觀察念頭」和「開放性覺知」的具體練習方法，請參見第二章的內容。

有意識地發現我們的盲點

在《變革抗拒》一書中，凱根教授說明了變革之所以困難，並不是因為我們不知道有變革的需求，而是有一個「隱藏的競爭性承諾」。這就類似於，當我們開著車要前往「變革」時，我們前進的動力是油門，但還有一個競爭性承諾是剎車，導致我們卡在中間無法動彈。而且這個競爭性的承諾是隱藏的，也就是說，它是我們的盲點，我們要看到這個盲點，才可以實現變革。

例如，在工作中，我們希望的變化是對新事物更開放和接受，但實際行為卻與目標相悖，包括消極抵抗新的安排，過多關注問題和風險，忽視收益；或者是不參與決策，交由別人決定。造成這個的原因是有一些隱藏的競爭性承諾，如維護我是這個領域專家的尊嚴；維護「盡在掌控中」的自豪感；或者是降低風險，「只要是聽從安排，就不是我的錯」等等，而這又是基於一些隱含的假設，如失敗是無能的表現；失敗是不負責的表現；只有成功，我才是有價值的假設等。但是，一旦我們發現這些隱含的假設在阻止我們的變革，它們就不再是隱藏的，而是可見的了。也就是說，這些隱含的「主體」現在變成了可見的「客體」，我們就能夠鬆開這些剎車，更容易實現變革。

有一些常見的管理者的隱藏競爭性承諾供參考，見表 5-3。

表 5-3　管理者的隱藏競爭性承諾

變革的目標	實際行為（與目標相背離）	隱藏競爭性承諾	隱含的假設
· 授權	· 凡事親力親為	· 我的個人能力是團隊中最強的	· 我當領導者是因為我的個人能力強
· 發展員工	· 縱容過失	· 我希望被團隊所有人都喜歡	· 一個被人喜歡的人，才是好人 · 包容意味著接納所有的優缺點
· 團隊協作	· 表面和氣，但分工不明確，缺乏實際協助 · 過度介入到其他團隊的工作	· 我希望被所有人都喜歡 · 我希望被所有人都需要	· 協助意味著無邊界的幫助 · 只有被他人需要，我才是有價值的

我們的心智發展過程是一個逐漸發現並消除隱藏競爭性承諾的過程。在青少年時期，我們意識不到在大多數時間，我們還受自己的需求和欲望所主導，很難聽進父母、老師的勸說。在步入社會後，社會的規範或是要求會讓我們感到不適應，此時，融入社會的需求與自己的需求之間產生了衝突。例如，公司的規範是要準時上班，而我們的實際行為卻與其相悖，即不把準時上班當一回事。但我們開始希望自己能夠遵守公司的規範，了解到與此對應的競爭性承諾是自己睡懶覺的欲望時，我們就不再那麼抗拒對於紀律性的強調，也就逐漸向「規範主導」的心智模式發展。當然這是一個較為淺層和簡單的衝突，所以是一個容易突破的心智發展。

隨著我們心智發展越成熟和複雜，影響我們行為的主體也越深入、越底層。青少年的「以我為尊」的主體是自己的需求和欲望，這是一個相對淺層的主體。而到了「自主導向」階段，主體成為自我的意識形態和身分認知，如對自己、對他人、來自他人的期待，及人類共有的渴望（被愛、被關注、

被認同、歸屬感、有價值、安全感和獨立）等，這是一個相對深層的主體，也更隱蔽。而一旦能被發掘出來，回報也很大。

在工作坊中，我們會請學員們選擇一個最想實現突破的議題來做這個練習，也就是用以下這個簡單的模板來進行探索。我們還會提醒學員們，要讓這個練習有效，很重要的是保持正念狀態，以不評判、開放和好奇的態度來進行。

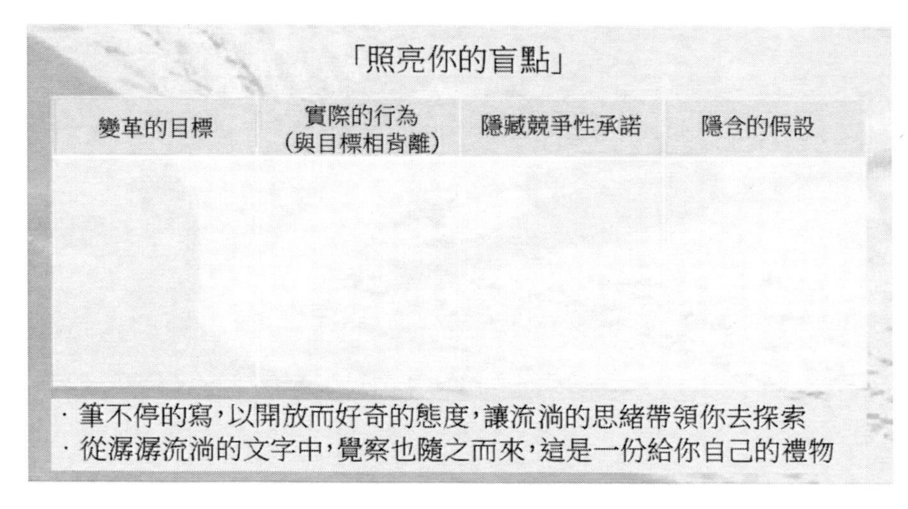

圖 5-1　照亮你的盲點

很多學員從這個簡單的練習中得到了覺察。一位在跨國公司負責銷售的副總裁分享說，他意識到自己之所以缺乏引領變革的魄力是覺得自己需要負責，不能冒變革失敗的風險。覺察到這個盲點後，他學著更常與同事合作，共同推進變革，而不是把所有的問題都承攬到自己身上。而一位法務經理則意識到，他在潛意識裡拒絕跨部門合作，是因為他持有一個觀點，「法律工作是純理性的，不能夾雜情感的」，而在跨部門工作中需要涉及人際關係互動，這讓他無所適從。諸如此類的覺察，幫助他們解決了長期以來的困擾，實現了突破。

經常性的反思和發現我們的盲點，不斷的挖掘阻礙我們心智發展的成見，我們就能不斷的擴大心智容量，提升意識的維度。

***

當我們身處茂密的原始森林時，我們看不到走出去的路徑。如果我們可以爬到高高的樹頂，俯視周遭，也許會更容易找到出路。當我們在水平方向同一維度無法解決問題時，可以嘗試在垂直方向上，提升維度來發現解決方案。

產品技術的發展，需要越來越多的跨界資源以及需求整合，這要求我們不斷跳脫自己的領域，從更大的系統和環境來思考問題。在領導力方面，也要求我們不斷覺察主導我們思想和行為的主體，逐步實現心智結構的突破，從而能夠解決更複雜的問題，面對不確定的環境。我們透過不斷的檢視自我，將主體轉化為客體，不斷的提升我們思維的高度和進化意識。

領導者的思想高度決定企業的高度。這要求領導者們超越慣性，以不評判、開放、好奇、友善的態度面對未知，而正念就是這樣的一種訓練方式，它並不是一種固定的思維模式，而是一種開發人類智慧潛力的方式。最具正念的狀態是一種初心的狀態，這種狀態，正如《禪者的初心》作者、對賈伯斯影響很大的禪宗大師鈴木俊隆所說：「初學者的心空空如也，充滿各種可能性，而老手卻不同。」

培養關懷心 —— 如何讓自己快樂，同時做到上下齊心

關懷並沒有弱化領導力，而是使它更強。

—— 魯迪・朱利安尼

發揮人際關係中的領導力

文科背景的職場人士也許相對容易理解人際關係對於工作的重要性。但一些理工科背景的職場人士由於工作主要與產品技術相關，核心能力的發展在分析、判斷、規劃等理性思維方面，人際關係方面的能力沒有機會得到足夠的發展。但隨著時代改變及網路技術的進步，人們在各方面的合作及溝通都逐步加強，也包括很多「純理性」領域，例如，在科學研究課題上，越來越需要大量的團隊合作，而不僅僅是天才式個人的貢獻。資料顯示，30 年前諾貝爾獎自然科學得主中，團隊合作只占一成，而近 30 年來，團隊合作獲獎者超過了六成。人際交流能力的重要性日益凸顯。

多數的領導行為是透過人際關係中的互動來實現的。即使是任務導向型的領導者，以完成任務為導向，不關注關係和互動，其實也是一種人際關係的互動展現 ——「任務第一，情緒不重要」。我們都是抱著對人際關係的不同態度和觀點來處理事務的。處理人際關係是一個需要不斷學習和探索的過程，對於人際關係型的領導者也一樣。讓我們看看下面的案例。

「老實說，你人很好，可是跟你一起工作沒什麼發展，因為你沒有照顧到我，所以我還是決定離開了」，當陳先生聽到他的一位下屬同事這樣說時，他愣住了。他開始反思自己的工作，心裡有些酸楚和委屈，自己含辛茹苦的「照顧」著這個部門，事無分大小，親力親為，盡可能做到盡善盡美。對下屬也是極盡包容，如果下屬業務能力不足，就幫他們做一些，多鼓勵，少責備，甚至是幾乎沒有意見。對上級提出的要求，也是盡可能的滿足，有時一些本該由其他部門做的工作，上級提出來後，也沒有過多爭辯，把工作做完。這樣當然會造成自己部門的人經常加班，自己也是累到不行，不但要和下屬一起完成工作，還經常要鼓勵他們，照顧好他們的情緒。

這位下屬是他一直很倚重的同事，很有潛力，願意鑽研學習新的業務，

刻苦耐勞，願意付出，所以陳先生也一直在公司管理會議上提到他。只不過，幾個月前在公司的晉級評審中，雖然陳先生大力舉薦，但由於公司的整體考量，這位下屬沒有得到所期待的晉級。之後陳先生也一直安慰這位下屬，希望這位下屬能夠有以大局為重，能夠忍耐一些不公平。他也經常拿自己的故事來分享，自己就是這樣能夠忍讓，才可以獲得進步。經過他的幾次勸說，這位下屬雖然心有不甘，但也就慢慢接受了。陳先生以為這件事就這樣過去了，所以當這位下屬正式的提出離職時，他感到很意外和措手不及。

這位陳先生就是我自己，這是我的一個真實經歷。幾年後，當我再次回顧自己的心智發展模式和工作經歷時，我把這個階段的領導力發展稱之為「好人型」領導者，其特點是試圖迎合每個人的期待，來自於上級、同事、下屬等各方的期待。營造一個和諧的氛圍，重視大局和犧牲、奉獻，對於「好人型」領導者來說，非常重要，有點類似於中華傳統文化中的賢慧女性，善良而忍氣吞聲，其自我犧牲的行為帶給人感動和同情，但往往結局令人嘆息，這不是一個卓越的領導者所要實現的目標。

苦情式的「好人」真的是一個很大、很深的陷阱。一方面是我們一直以來所接受的教育，成為一個「好人」難道有錯嗎？「好人一生平安」、「好人有好報」、「乖，要成為一個聽話的好孩子」、「你是一個好孩子，要讓著別人，不要和其他小朋友搶」，這些教育和文化已潛移默化的告訴我們，要成為一個「好人」。在強調團體主義的亞洲文化中，這種影響是廣泛而且根深蒂固的。另一方面，我們在成為「好人」時，雖然也會覺得有不公平或是自己受委屈、受到打壓的情緒，但同時也可能會獲得「我是一個品格崇高的人」的道德獎賞，這兩者之間可能可以暫時形成一種平衡。在這種平衡下，當事人往往察覺不到「好人型」領導者所帶來的問題，就像是在我的上述案例中，當時，我雖然會覺得公司的工作分工應當更清晰些、獎懲應該更明確些、我應當培養我部門同事的能力而不是做他們該做的工作，但含辛茹苦也帶給我另一種心理滿足，使我沒有迫切的去改變那些需要改善的領域。

「好人型」領導者在一定程度上還是有效的、可以獲得一定的工作成就的。由於「好人型」領導者比較關心別人的感受，所以往往有較強的人際關係敏感度，透過扮演類似於「和事佬」的角色，可以幫助建立團隊關係的緩衝帶，不至於太過緊張、僵硬而崩潰。同時，「好人型」領導者的邊界感不強，在公司或團隊剛成立不久，各方面規則、制度尚未完善之時，往往可以在模糊的組織架構中帶領團隊完成工作，使公司或團隊不至於因為分工或流程的不明確、沒有規範而一事無成。

我們必須認識到「好人型」領導者替自己和公司／團隊帶來的弊端：

· 對於公司／團隊的發展來說，最大的弊端是掩蓋了公司／團隊中出現的矛盾和應該完善的領域，從而錯失了提升的機會。在「好人型」的領導方式下，矛盾和問題可能會被掩蓋了，長期下來，這種做法將導致公司／團隊迴避問題，在問題得不到解決的情況下，優秀的人才將會離開或是不能全力發揮其才能，這些最終都將影響公司／團隊的競爭力。

· 對於「好人型」領導者所管理的團隊來說，其弊端是往往得不到發展和突破。一個人的發展和突破需要在一定的壓力下才能發生，由於「好人型」領導者往往太注重別人的感受，不太會堅持設定好的標準，這就會給他／她的下屬同事一個鑽漏洞的機會，因為業務目標或規則是可以協商、調整的。這樣的環境下，「好人型」領導者的下屬同事往往就不會竭盡全力去拚搏，也就難以獲得突破。團隊成員雖然平常會感覺輕鬆、不太有壓力，但長此以往，也會缺乏成就感，其工作投入度和滿意度也並不會特別高。

· 對於「好人型」領導者自己來說，其弊端就是影響其領導力的有效性和自身的幸福感。由於「好人型」領導者過於關注得到他人的認可，導

致無法堅持自己的原則、信念和主張，往往容易受到他人的影響，這就導致邊界模糊，缺乏清晰度、一致性。例如，在工作中可能出現的場景是，當一位「好人型」部門主管在接到上級下達的一項新任務時，為了迎合上級，在沒有得到足夠的資源和準備下，就馬上接下了任務。而回到部門分配工作時，當部門一些下屬抱怨工作量增大，而不願承接這些工作時，這位部門主管可能就會去尋找那些「聽話」的下屬來安排這些工作，而不是從工作的職責分工、能力發展等方面去綜合考慮。如果下屬們都不願意，這位部門主管又會去找上級說情，而如果上級並不同意，這位部門主管會透過拉攏關係的方式再去找下屬安排工作。這種來回協商、談判式的組織工作安排，更多是基於團隊成員的意願、態度和人際關係，而缺少了基於管理原則的理性思考和判斷，會導致組織缺乏清晰的原則，而消耗大量的精力在關係處理上。表面上看，「好人型」的領導方式下的團隊可能是一團和氣，但卻隱藏著深層的矛盾和不滿，這種「好人型」的領導方式並不是富有成效的。「好人型」領導者雖然可能會被人喜歡，但並無法獲得別人的尊重，更難以激發和鼓舞他人。

· 而從個人的幸福感上，「好人型」領導者由於太過關注別人的看法，所以他／她的情緒往往取決於別人的認可度，而缺乏內在的標準：一方面是由於長久的情緒壓抑，可能會突然爆發；另一方面，也容易形成職業倦怠。「好人型」領導者並不幸福。在正念和關懷力的工作坊中，有一位學員分享說：「我一直努力在工作上當個好經理，在生活上當個好妻子、好母親，我這麼努力的付出，可他們還是覺得不夠，我真的是好累。」而這種情況並不鮮見。

表面上看，「好人型」領導者似乎很無私，一方面是盡力迎合他人的需求，另一方面對自己也是無盡的苛求，但其深層的心理需求是源於自我匱乏感的索取和認可。「好人型」領導者在迎合他人需求的時候，其實是在期待和索取他人的認可和回報。「好人型」領導者在苛求自己的時候，也是在消極的對他／她周邊的人施加壓力，似乎是在說「你看，我都這樣對自己了，你們還要怎麼樣？你們還不對我進行補償、回報或是滿足我的需求嗎？」進而影響和操控他們。「好人型」領導者是一種以自我為中心的消極的防禦或是操控模式。

在《再見，好好先生》（*No more Mr. nice guy*）一書中，羅伯特．格洛弗（Robert Glover）博士描述了好好先生的這樣一些特點：

· 尋求他人的同意
· 試圖隱藏自己認為的過錯或失誤
· 將他人的需求放在自己之前
· 犧牲自己的利益並經常扮演受害者的角色
· 與他人很難深入交往
· 無法充分挖掘自己的潛力

羅伯特博士認為好好先生是以以下三個隱含的原則來指導自己的行為的：

· 如果我是一個好人，那麼每個人會愛我和喜歡我
· 如果在別人沒有提出要求時，我就滿足他們的要求，那麼他們也會在我沒有提出要求時，滿足我的要求
· 如果我把每件事都做好了，那麼我就會有一個完美的生活

這些原則是在一個潛意識的層次上運作的，所以好好先生（「好人型」領導者）往往自己並無察覺。同時，由於好好先生自己是按照這個原則來工作和生活的，如果對方沒有給予他所期待的回饋，好好先生就會經常感到無助或憤怒。

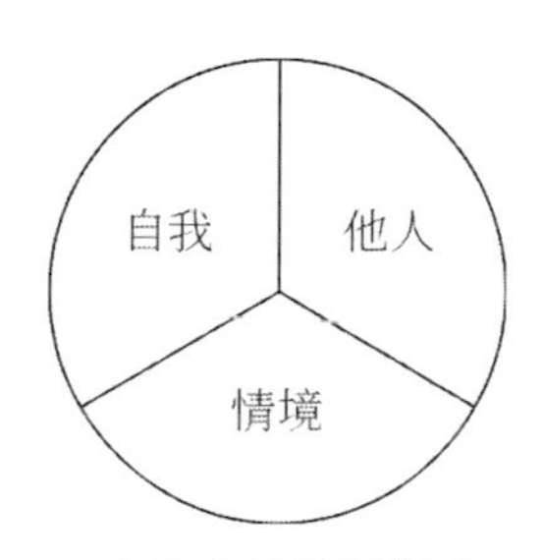

圖 6-1　人際交流溝通模式三要素

在人際互動中，「好人型」領導者因為過度重視他人的認可而忽略了真實的自我，從而失去平衡。維琴尼亞．薩提爾（Virginia Satir）是美國當代一位著名的心理治療大師，她的家庭治療流派在當今世界極負盛名，她提出的人際交流溝通模式中，包括三大要素：自我、他人和情境，如圖 6-1 所示。我們在壓力狀態下，難以將這三者都關注考慮到，因此產生了四種不同的防衛模式：討好、指責、超理智、打岔，如表 6-1 所示。

表 6-1　關係中的防衛模式

	討好型	指責型	超理智型	打岔型
特點	討好別人，只有他人和環境，沒有自己。試圖遠離對自己產生壓力的人	攻擊別人，只有自己和環境，沒有他人。試圖表明不是自己的過錯	壓抑感覺，逃避感受。只有情境，沒有自己和他人。逃避現實的任何感受	避重就輕，習慣閃躲。自己、環境和他人都沒有。經常改變話題來分散注意力
代表性言語	「都是我的錯」「我不值得」「你喜歡怎麼樣？」「沒事沒事」	「都是你的錯」「你到底在搞什麼？」「你從來都沒做對過」「要是你……那就……」「我完全沒有錯」	「人一定是要講求邏輯的」「一切都應該是有科學根據的」「人需要冷靜」	毫無道理，抓不到重點，隨心所欲，隨口表示，東拉西扯：「我自己也搞不清楚」

情感	祈求：「我很渺小」 「我很無助」。懇求的表情與聲音、軟弱的身體姿勢	指責：「在這裡我是權威。」	頑固、疏離：「不論代價，人一定要保持冷靜、沉著、絕不慌亂」	波動混亂，滿不在乎，「我心不在焉」，身體姿勢特徵是不停的在動
行為舉動	過分和善，謙恭，請求寬恕、諒解，哀求與乞憐，讓步	攻擊、獨裁、批評、吹毛求疵很有權力的樣子，僵直	威權十足：頑固、不願變通、舉止合理化、操作固執刻板 身體姿勢：僵硬，表情很優越	轉移注意力：不恰當的舉動、多動、忙碌、插嘴、打擾
內心感受	「我一無是處」 「我覺得自己毫無價值」	「我很孤單和失敗」	「我感到空虛與隔絕」 「我不能表現出任何感覺」	「沒有人真的在意」 「這裡根本沒有我說話的地方」
可能的身心影響	神經質、抑鬱：消化道不適、胃疾、噁心嘔吐、糖尿病、偏頭痛、便祕等	肌肉緊繃、背部酸痛、循環系統障礙、高血壓、關節炎、便祕、氣喘等	強迫心理、社交退縮、故步自封：分泌系統疾病、癌症、血液病、心臟病、胸背痛	心態混亂：神經系統症狀、胃疾、眩暈、噁心、糖尿病、偏頭痛、便祕

這些防衛模式對我們的工作和生活都會有不利影響，影響我們的情緒、感受和身心健康，也影響我們的領導效率。領導者在壓力狀態下的反應可能會讓辛辛苦苦培育起來的團隊氛圍毀於一旦。例如，領導者在壓力下的表現為指責而不是恰當的評論，團隊成員之間就很難互相信任，因為團隊成員為了避免被指責，可能會隱瞞一些資訊，漸漸的也就無法做到真正的透明和信任。

為了進一步改善我們的溝通模式，我們首先需要認清，這些防衛模式中的人都是受害者。例如，在壓力情況下，「討好型」與「指責型」溝通時，前者很難理解後者的咄咄逼人而感到自己被欺侮，而後者也很難理解前者的

步步忍讓和迴避事情的消極態度，從而更加被激怒。其實對方互為受害者，只不過我們面對壓力時採取了不同防衛策略。在第三章關於情緒的部分中我們提到，原始人面對危險的狀態，大腦一片空白，進入逃跑——僵硬——戰鬥的模式，這些模式會影響到我們的各個方面。無論是第一章所說的「受傷的獵豹」或是「溫水煮青蛙」，還是薩提爾所說的「討好、指責、超理智、打岔」的溝通模式，本質上都是我們的防衛策略。

正念是面對壓力時採取「逃跑——僵硬——戰鬥」之外的策略——「不評判」，在此基礎上，我們還可以進一步，也就是「關懷」。我們可以透過自我關懷和關懷他人來提升關係的品質。

自我關懷

相較於被別人批評或是批評別人，我們更常在內心自我批評。這種批評不一定是口頭上的，而是在心中不斷自我鞭策。「我應該可以做得更好的」、「只有把事情做好了，我在這個世界上才有價值」、「事情沒有做好，可能都是因為我」。我們相信，適當的自我批評可以讓自己成為一個「更好」的人。自律和自我約束是非常有必要的，但過度的自我批評卻會帶來危害。

知名組織顧問公司有一項針對亞洲經理人與國際經理人的對比研究，研究報告指出亞洲經理人的過度強調自我發展的傾向極其嚴重。「企業領導者們應該重新評價自己出人頭地的欲望所帶來的缺點了。老一輩的、成長於資源不足的環境下，有強烈的不安全感的人，可能過度強調自我發展的價值。競爭和成長的欲望可以幫助一個人獲得權力並超過他人，這些特質在位階嚴格的機構裡可能有助於職業的成功。但在新的經濟模式下，企業領導者們的這種過度自我發展的模式可能會影響員工的參與感和投入。」

一些中階管理者，特別是個人能力強、業績表現突出的管理者，往往可

能會過分重視自我發展的價值，反而成為了一項劣勢。與不願意成長和改變，對建設性回饋不做任何回應的人恰恰相反，過度強調自我發展的管理者會因為特別希望做得更好，因此不斷改變作法而讓身邊的人不知所措，而且傾向於不向他人求助，認為所有的困難都應該而且可以由自己來解決，甚至認為公司或團隊沒有他就無法運作了。過度強調自我發展的管理者還傾向於以承擔責任為傲，工作狂，加班、作息不正常等成為一種常態，極端的情況還可能導致過勞死，造成無可挽回的悲劇。

自我關懷意味著以和對待我們所關心的人同樣友善的方式，支持、同理自己。多數人對自己非常嚴苛，總是嚴厲的批評自己，對完全陌生的人卻不會有這種苛責和批判。

德州大學心理學教授克莉絲汀．聶夫（Kristin Neff）博士是自我關懷領域的著名專家，她認為自我關懷包括如下的三個核心要素。

1. 自我友善，而不是自我評判。多數情況下，我們對自己是一種冷冰冰的、近乎無情的評判，而自我關懷需要的是對自我溫暖的支持。
2. 記住世界是不完美的，作為共同人性的一部分，所有的人都不可能是完美的，包括自己。所以當不如意的事發生時，需要提醒自己，我並不孤單，不是只有我才會有這種遭遇，也不是只有我才會犯錯。了解這個事實，就會與周圍的人產生更多的、更進一步的連結，而不會讓自己孤立起來。
3. 保持正念，也就是直面我們的痛苦，而不是去壓抑或逃避。我們可以對自己說：「此時我真是很痛苦，我感到好艱難，我需要關懷。」如果我們對自己的痛苦無法保持正念覺察，我們也就無法真正的關懷自己。

阻礙我們自我關懷的一個原因，尤其是對於過度關注自我發展的領導者來說，是我們認為自我批評才能激勵自己。我們認為苛責自己才能避免犯同樣的錯誤。其實這樣做沒有用。過度自我批評可能導致我們喪失信心，迴避

有挑戰性的工作，以免犯錯。長此以往，我們就無法挖掘出自己真正的潛力。從另一角度看，因為我們太過苛求自己，無法接受自身的不完美，所以就可能會下意識的進行自我防衛或自我欺騙，從而無法對自己的缺點進行客觀和誠實的評價。

一方面我們要避免過度自我批評；另一方面，我們也不要將自我關懷與自大或優越感混淆。自大或優越感來自於自我評判：我是一個好人、一個優秀的人，如果沒有達到自己設定的標準，我就不是一個好人，或我一文不值。它強調我們要比別人好才有價值，這是一種依賴於外在條件的感覺，所以是非常脆弱的。自我關懷恰恰是相反的，自我關懷不是對自我的評判，而是對自我的接納，「我有痛苦、失敗和挫折，我將以友善、關心、理解來面對這些痛苦、失敗和挫折」。自我關懷並不取決於我們是否獲得成功，而是我們面對痛苦、失敗和挫折的一種態度選擇，是承認我們作為人類的一員，都不可能是完美的，都會面臨痛苦的一種豁達。

近年來，自我關懷在心理學領域得到了越來越廣泛的關注和研究。已經有相當多的研究證明自我關懷有助於提升積極情緒、降低焦慮和憂鬱，增進幸福感以及提升復原力。

在 2015 年發表在《應用心理學：健康與幸福》雜誌上的〈自我關懷和幸福感的關係：綜合分析〉文章中，研究者將近年研究進行了綜合分析，包括了 79 個研究案例，樣本量有 1.6 萬多人，綜合分析顯示，自我關懷可以提升積極情緒，降低消極情緒，增進幸福感。

除了穩定情緒和提升幸福感之外，提升復原力對於在快速變化環境下的領導者來說尤為重要。領導者在面對強大的壓力時，難免出現消極情緒，而如何從消極情緒中恢復，不至於落入或沉浸於低潮，就需要領導者們提升復原力。荷蘭最頂尖的高等學府之一特文特大學的研究顯示，出現消極情緒時，如果有較高的自我關懷，發生精神疾病的機會會更少，自我關懷作為一

項心理復原機制被證明是有效的。

自我關懷不但可以帶來領導者個人的心理健康，卡內基梅隆大學的研究還顯示，自我關懷還有助於建立更良好的人際關係。當我們自己的需求得到了滿足，我們才會有能力去真正的關心周圍的人，而不是在潛意識裡不停的尋求和期盼自己的需求被滿足。當我們能夠覺察和接納自己時，才更容易真誠的接納和幫助別人。這樣的人際關係才會是更真誠、持久的。在自我關懷的培訓課程中，經常會採用這樣一個比喻：「在乘坐飛機的安全提示裡提到，當發生緊急情況時，請先戴好自己的氧氣面罩，再幫助他人。」一個懂得自我關懷的人才會對他人產生真誠的關懷心。

可以參考以下練習來提升自我關懷。

練習一：「你會如何對待你的朋友」

當你的親密朋友在承受痛苦的時候，你會如何回應？如果以同樣的方式對待你自己，你會做什麼改變？

在練習時，可以拿一張紙，回答以下問題。

1. 想一想你的親密朋友自我感覺很糟或在痛苦掙扎的情形。在這種情況下，你會如何回應你的朋友？寫下你會做的事情，你會說的話，還有你會採取什麼樣的語氣對待你的朋友。
2. 想一想你自我感覺很糟或在痛苦掙扎的情形。在這種情況下，你通常會怎麼做？寫下你通常會做的事情，你會說的話，還有你會採取什麼樣的語氣對待你自己。
3. 發現以上兩個的差異。如果有明確的差異，問問自己為何不同，什麼原因或擔心使你對待自己和對待朋友有所不同。
4. 當你經受痛苦的時候，如果你以對待朋友的方式對待自己，你會做出什麼改變？寫下這些改變。

練習二：自我關懷的一封信

準備一個信封和信紙，想像一個最關心、最愛你的人要寫一封信給你。這個人對你有無條件的愛、接納、關懷。他／她知道你的強項和弱項，知道你的不足是由很多因素造成的，而這些因素有很多並不在你的控制範圍內，如你的基因、家庭和社會環境等。這個人可以是一個你想像出來的人，也可以是一個你認識的真實的、最關心你的人，如你的爺爺奶奶、父母或是親密朋友。

現在，以最關心、最愛你的人的身分寫一封信給自己。他／她會如何看待你的不足？如何向你表達他／她的關懷，特別是在你很嚴厲的評價和苛責自己的情況下？他／她會如何提醒你，你和所有人一樣，都有強項和弱項？基於無條件的愛和接納，他／她會給你什麼樣的建議？試著將他／她的接納、友善、關懷和希望你健康、快樂的能量注入這封信中。

寫完信後，裝入信封，收件人上寫上你自己的名字。

過一段時間，打開信封，讀一讀這封信，沉浸其中，感受其中的愛、關懷和接納，全心的去體會並成為自己的一部分。

練習三：自我關懷時刻

這是一個 5 分鐘的冥想練習。首先想一個困難的、讓你有壓力的情形，用身體感受這種壓力和情緒。然後，對自己說：

1. 「這是一個痛苦的時刻」或者是「這是壓力」。
2. 「痛苦是生活的一部分」或者是「我們都會經歷痛苦」。
3. 「願我對自己友善」。你也可以自己創作祝願自己的詞語，如：

「願我學會接納我現在的樣子。」

「願我原諒自己。」

「願我給予自己所需要的關懷。」

「願我有耐心。」

只要是能夠表達出當下你所需的關懷的話語，都是可以的。

這個練習在一天的任何時刻都可以做。它讓我們記得自我關懷，並且在最需要的時刻，內心能夠產生自我關懷。

在我的工作坊中，很多學員都從自我關懷的練習中得到了很多覺察並獲得了力量。一位學員分享說：「我過去一直認為關懷別人才是最重要的，如果關注自己的需求就是自私，是不好的行為。這個想法一直壓得我喘不過氣來。有時候，不知道怎麼的，脾氣就上來了，反而沒有辦法幫助到我真正想關心的人。現在我意識到，自我關懷真的是太重要了，自我關懷不是自私，自我關懷才能夠真正的幫助到他人。」還有學員分享說：「我才意識到我一直試圖成為『期待中的那個理想的我』，而沒有做真實的我。我活在虛幻的期待中，沒有看到自己的優點和特別之處，沒有發揮出自己的潛力。我現在知道該怎麼做了。」

《道德經》中說：「貴以身為天下，若可寄天下；愛以身為天下，若可託天下。」老子認為，一個理想的治者，首要在於「貴身」，不胡作妄為。只有珍重自身生命的人，才能珍重天下人的生命，也就可使人們放心的把天下的重責委任於他，讓他擔當治理天下的任務。這種「貴身」就包含著自我關懷的要素，意味著不為了得到他人的認可去迎合和討好，不為了出人頭地而去自我批評，這樣才能做到在寵辱面前不會患得患失，也才能正確的處理事情，才可以承擔重任。

關懷他人

「關懷他人」聽起來很有點心靈雞湯的味道，但能夠正確的關懷他人確實與我們的領導力有關。讓我們先看看具體的案例。

作為部門總監，黃先生最近又要去做他最不願意但又不得不做的事，解聘部門裡一些不適任的員工。他一再告訴自己，解聘這些員工是有正當理由的，這是公司的決定，自己應該本著職業的精神，不帶情緒的去做這項工作，但每當他想到被解聘的同事失望、憤怒、悲傷、無奈的表情，他就覺得難受。再想到這些同事的家人也將受到影響，黃先生更加不願面對這件事。他回想起以前的痛苦經驗，有次一名被裁掉的員工覺得很不公平，在會議室裡就大鬧起來，讓他很難堪。

還有一次一名女員工當場就哭了起來，也不說話，一直哭，讓他不知所措，好幾次話都要到嘴邊了：「要不我看看公司能不能再給個機會」，還好忍住了，不然更不知如何收場。想到這，黃先生幾乎要退縮了。他想，為了避免面對面交談的難堪局面，要不就向這些員工發個郵件算了，或者交給人力資源部門處理，但這些會讓人覺得自己在逃避責任，會損害自己身為主管的威信。他很苦惱應該用什麼樣的態度來對待這些員工，是不帶任何情感、很冷漠的公事公辦？還是展現出同情心，然後表示自己無能為力？

解聘員工，是多數公司領導者最不願意面對的挑戰之一。為了公司和團隊的發展，在很多時候這是必行之舉，但這畢竟會對這些員工的職業發展和生活產生一定的影響。正如 LinkedIn CEO 傑夫．韋納（Jeffrey "Jeff" Weiner），這位將公司的會員從 3,200 萬人發展到超過 4.5 億人，營業收入從 7,800 萬美元提升到超過 30 億美元的商業領袖，在被評為最佳 CEO 時說：「管理者所犯的最大錯誤之一是把人們留在他們已經不適合的位置上。我在 20 多年的管理經驗中，從沒有人主動告訴我，我做不來這個工作。一次也沒

有。這不是他們的工作，這是管理者的工作。」由於沒有及時處理好業績不達標的員工的問題，企業發展受到限制的案例並不鮮見。就像很多民營企業發展到一定階段後，由於沒有妥善解決能力跟不上的老員工的問題而受到影響，甚至有個專門的詞語，稱這樣的員工為「問題元老」。

解聘員工之所以困難，不是因為我們缺乏理性的判斷，而是因為我們的同理心導致了我們在情感上無法去完成理智上認為正確的事情，我們的感性與理性發生了衝突，形成了很大的壓力和痛苦。同理心是對於他人的處境感同身受，能夠感受到他人在困難處境中的那些痛苦、無奈、悲傷、憤怒等情緒。最近 20 年裡，科學家對於同理心的研究有了突破性的進展。1996 年，義大利帕爾馬大學的神經生理學家里佐拉蒂（Giacomo Rizzolatti）和同事們發現，恆河猴的前運動皮質 F5 區域的神經元不但在猴子自己做出動作時產生興奮，而且當看到別的猴子或人做相似的動作時也會興奮。他們把這類神經元命名為鏡像神經元。1998 年，里佐拉蒂根據經顱磁刺激技術和正電子斷層掃描技術得到的證據提出，人類也具有鏡像神經元，而且有一部分存在於大腦皮質的布洛卡區（控制說話、動作和對語言的理解的區域）。他進一步提出，人類正是憑藉這個鏡像神經元系統來理解別人的動作意圖，同時與別人交流。在透過鏡像神經元理解他人感情的過程中，觀察者直接體驗了這種感受，因為鏡像機制使觀察者產生了同樣的情緒狀態。當人經歷某種情緒，或者看到別人表現出這種情緒時，他們腦島中的鏡像神經元都會活躍起來。換句話說，觀察者與被觀察者經歷了同樣的神經生理反應，從而啟動了一種直接的體驗式理解方式。這也能夠解釋為什麼人們看到其他人打哈欠時，自己也會被感染，而當別人大笑時，自己也會不由自主發出笑聲。

鏡像神經元是我們的一個強大的工具，幫助我們更好的建立人際關係。科學家對自閉症患者的大腦皮質厚度進行了測量，發現這些患者的鏡像神經元所在的皮層要比正常人薄，而且病情越重，這部分皮層越薄。同時，鏡像

神經元也會帶給我們壓力，也就是科學家們稱為的「同理心的疲勞」。這是由心理學家、神經科學家塔尼亞．辛格（Tania Singer）和被科學驗證為「世界上最幸福的人」的馬修．李卡德（Matthieu Ricard）提出並經過研究確認的概念。

塔尼亞．辛格一直致力於研究同理心的神經機制。她的團隊設計了一個方法，可以測量參與者自己經歷痛苦時或者是僅僅看到別人經歷痛苦時的大腦活動。馬修．李卡德是一位傳奇性的人物，他出生於法國，父親是哲學家，母親是鋼琴家，他畢業於巴黎巴斯德研究院，在諾貝爾獎得主方斯華．賈克柏（François Jacob）的指導下，獲得生物學博士學位。他才華洋溢，除了跟諾貝爾醫學獎得主一起研究生物基因族譜之外，也精通生態攝影、鳥類生態學、天文學、帆船、滑雪等。當他 26 歲時，覺得擁有各種藝術或科學才華並不能帶給他滿足，反而是像馬丁路德．金恩博士或甘地那樣能關懷、啟發、改變別人的人，才是他仰慕的。

因此在 1972 年，他決定遷居到印度的喜馬拉雅山腳下，開始跟隨西藏大師學習佛法，1979 年出家，正式成為僧人，並成為頂果欽哲仁波切最親近的弟子和侍從。他和父親尚．方斯華．何維爾（Jean-Francois Revel）共同出版的對話錄《僧侶與哲學家》，是歐洲的暢銷書籍，在法國暢銷 35 萬冊，被翻譯為 21 國語言。1990 年代，美國威斯康辛大學的神經學家在進行幸福的研究中，用 256 個傳感器監測馬修．李卡德的大腦活動。結果顯示，馬修大腦反映幸福感的腦波活動，遠遠超過正常範圍，打破了所有神經科學文獻裡的歷史紀錄。馬修此後被媒體稱為「世界上最幸福的人」。

塔尼亞．辛格的研究發現，當人們看到別人痛苦時，也一樣會激發起部分自己痛苦時的大腦區域，也就是說，同理心能使我們感受到與別人一樣的痛苦。馬修．李卡德是這樣來描述他在參與同理心的實驗中的體驗的：「當塔尼亞．辛格要求我進入純粹的同理心、不加入關懷或利他心的狀態，我決定與羅馬尼亞孤兒院的孩子們建立同理心的共鳴。我前一天晚上看了 BBC 紀錄片，很為他們的命運感動。儘管被提供了食物和清水，但這些孩子十分憔悴，被遺棄和缺乏關愛導致了冷漠和脆弱的負面心理狀態。他們的健康狀況是如此的糟糕，孩子們經常痛得抽搐起來，即使是輕微的碰撞，也會使手腳骨折。死亡經常發生。當我讓自己沉浸其中時，我盡可能的清晰的想像他們受苦的樣子。對於他們痛苦的同理和共情，很快變得無法忍受，我感到在情緒上被消耗殆盡，與疲憊感類似。」

同理心使我們能感同身受，這也帶來心理疲勞，這對於那些幫助痛苦中的人的職業人士更是一項挑戰。一項在北美的研究顯示，六成的與病人接觸的護士、醫生、護理人員已經歷或將經歷職業倦怠。也是同樣的原因，公司領導者也同樣會感受到被解聘員工的痛苦，從而也可能會經歷同理心的疲勞。

迴避解聘員工這樣的困難決定顯然不是辦法，但面對時又會心理疲勞，到底有沒有解決方案？答案其實很簡單，也是千百年來的古訓：助人為樂。

在同理心的基礎上，增加一個幫助他人的意願，希望為他人帶來快樂、減輕痛苦，這就是關懷心。這個幫助他人的意願有非常神奇的作用。多年來我們都聽說過幫助他人是最令人快樂的事情，但對其背後的機制卻缺乏了解，所以使得這變成了一個沒有科學根據的說教。塔尼亞．辛格和馬修．李卡德的研究則揭示了這個祕密：同理心和關懷心採用的是不同的大腦網路。關懷心激發了與積極情緒、接納、愛和獎賞相關的大腦網路。關懷心並沒有減少看到他人痛苦時的消極情緒反應，但同時顯著的增加了積極情緒。正如馬修．李卡德這樣描述他在採用關懷心時的體驗：「在進行了一個小時的同理心實驗後，我被告知可以採用關懷心來結束實驗。我在同理心實驗過程中幾乎被耗盡力氣了，而之後的關懷心則完全改變了我的精神狀態。雖然這些受苦的（羅馬尼亞孤兒院）孩子的情況還是一樣歷歷在目，但他們並沒有對

我帶來壓力。相反的，我感到對於這些孩子的自然和無限的愛，以及去接近並安撫他們的勇氣。此外，這些孩子和我之間的距離完全消失了。這使我意識到利用關懷心來應對同理心的壓力和疲憊的無限潛力。」

同理心帶來壓力和疲憊，關懷心則提升幸福感。但對於類似解聘員工這樣的事情怎麼能用關懷心呢？這不是自欺欺人嗎？這就涉及如何正確看待解聘員工的問題了。傑夫．韋納的觀點非常有深度，他說：「人們總是設想關懷心意味著不去做艱難的決定，不做困難的選擇，不去調動他們的位置，恰恰相反，當人們已經不勝任時，最不關懷的做法就是把他留在原來的位置上。只要你留心觀察，就會看到對他是多麼的不關懷。你可以觀察到他的身體語言，僵硬的肩膀，聲音緊張、變形，他失去信心，失去自尊，他把這些也帶到團隊，人們看到你把這樣的他留在位置上，也影響了你的領導力。最糟的是，這個人不再相信他自己，失去自我的價值感，並把這種能量帶回家，對周圍的人形成了負面影響，形成惡性循環。所以，你能做的最關懷的事情是，把他拉到一邊，跟他說，『現在出現了問題。這是標準，我將盡我所能，幫助你達到或超過這個標準。並且我們將設定一個時間表』。如果他沒有在限期內達到標準就需要離開這個職位。他之所以在這個職位上，應該有一定的原因，存在著被教育的潛力。問題是，我們願意給他們多少時間，願意投入多少來幫助他們。」

傑夫．韋納的觀點澄清了對於關懷心的一個誤解：「關懷心就意味著滿足或迎合對方的一切要求。」關懷心既然是關心愛護，自然是希望被關懷的對象可以幸福、愉悅，可是對於什麼是真正的幸福、愉悅，可能會存在誤解。例如：只有在重要的職位上，才能是幸福、愉悅的；只有在工作中不斷晉升，才能是幸福、愉悅的；只有時時刻刻發揮出自己的最佳狀態，才能是幸福、愉悅的；只有衣食無憂，獲得了財富自由，才能是幸福、愉悅的。正是這樣的誤解才導致領導者不願意去做出解聘員工這樣的所謂的困難決定。如果解聘員工是因為職位需求與員工興趣和能力的錯配；或是員工個人發展階段性需求與職位需求的不適合；或是企業願景與員工目標的不一致；或是企業價值觀與員工價值觀的不一致；而解聘員工雖然會為員工帶來短期的不愉快的影響，包括實質性的由於收入減少而帶來的生活影響，以及社會評價或自我評價降低的心理影響，但也可能為員工帶來轉機，甚至更大的長期收益，使他有機會發現與自己的興趣和優勢更相符的職業，與自己的價值觀和人生意義更一致的事業，或是更符合自己當前能力發展需求的職位。如果帶著這樣的意圖和見解來處理解聘員工的事情，就會發現這種所謂的困難決定可以是一個雙贏的決定，也就不再那麼困難了。

我們只是以解聘員工的例子來解釋說明同理心和關懷心在處理困難決定的區別，並不是鼓勵解聘員工的行為。商業行為不可避免存在風險和不確定性，絕大多數員工對於由商業行為自身所導致的解聘並不會心生怨恨。我們所要避免的是，由於管理問題而限制員工發揮出應有的能力投入到工作中，進而導致公司和員工的雙輸局面。如果我們能夠更經常的用關懷心來處理和解決問題，就可以盡可能避免這樣的困難情況。所以領導者的問題是：如何將關懷心貫徹到人力資源工作的每個環節中？

這個問題沒有標準答案，但這個問題本身卻可以影響到工作的各個方面。在進行人員規劃時，就會更審慎的進行業務規劃，而不是好大喜功、貿然前進或是過於保守的迴避；在應徵的環節中，全面、客觀的介紹公司和職位，全面、客觀的了解和評估候選人；在日常的工作中，會本著對員工負責的態度，成為一個更好的領導者。詹勒霍克曼（Zenger Folkman）領導力顧問公司總裁約瑟夫·霍克曼（Joseph Folkman）實施了一項高達 160,576 人次的調查研究。他在〈每個心懷不滿的員工背後，都有一個不負責的主管〉一文中提到，在資料庫的 160,576 名員工中，工作滿意度最低的員工占

6%，分析顯示，對待心懷不滿的員工和對待工作滿意度較高的員工，主管的態度有很大區別。約瑟夫．霍克曼建議主管們在以下六大領域進行改進，協助那些心懷不滿的員工。

1. 多鼓勵員工：員工的表現不如預期時，經理人經常會以負面的語氣和下屬講話，因為經理人認為再怎麼鼓舞這些人，可能都沒有效果。而研究數據顯示，經理人如果期待下屬會有更好的表現，效果會更好。
2. 更信任員工：不快樂的下屬和主管彼此不信任。恢復信任的關鍵是，當面對彼此的時候，相信對方能夠改變。經理人站在更主動的位置上，應當先行動起來。
3. 關心員工的職業發展：不僅是對於那些高潛力的員工，對於每個員工都應真誠的關注。
4. 當員工是自己人：經理人需要擔負起溝通的責任，包括將資訊與每個人都進行充分的分享，並進行傾聽。
5. 對員工更誠實一點：經理人應當對員工的表現給予誠實的回饋，這能讓員工有改善的機會。當員工表現不好時，許多經理人不願意給予及時的、直接的回饋，而是輕描淡寫或是忍住不說，等到因為員工表現不佳，公司不得不辭退員工時才說明，這些都是不負責任的表現。
6. 多找員工聊聊：很多情況下，非正式的溝通是緩和和改善關係的有效方法。

而在員工的離職環節，有關懷心的領導者還會利用這個機會進一步幫助員工釐清自己的興趣、志向、優劣勢等，協助員工發現更適合的工作機會。

當關心每個員工發展的優秀領導人營造出良好的工作環境以及個人成長環境，員工的抱怨情緒也就有限了。

關懷員工不僅僅是領導者日常工作的一部分，一個企業和組織如何看待員工，決定了企業和組織的策略和組織形式。從 1930 年代福特公司的標準化生產中，員工被視為生產工具，到如今提倡價值驅動的企業文化中，員工被視為企業的重要利益相關者和重要的資源之一，企業看待員工的理念一直在改變。企業能否從員工角度出發，真正的提供給員工一個符合其發展需求的平臺，這個理念對企業的成功與否有很大影響。我們可以從星巴克和Google 這兩家在不同領域但卻有相似理念的成功案例來學習。

星巴克的創始人霍華．舒茲（Howard Schultz）在 7 歲的時候，父親曾經是一名運送尿布的貨車司機，在 1960 年 3 月的寒冷的一天裡，他的父親因路面結冰而滑倒，摔傷了大腿。在 1960 年代的美國，如果你是一個沒有受過教育的藍領工人，一旦在工作中受傷，你就會被解僱。那時 7 歲的霍華．舒茲目睹了父母所經歷的無助和絕望。失敗的恐懼、不安全感和脆弱無助，讓當時還是小男孩的霍華．舒茲深感羞恥，也由此讓他決心做一個熱忱、富有關懷心、自重並尊重他人的人。他的志向之一就是為收入不高的人們提供一個富有尊嚴和安全感的工作場所。

2017 年的演講中，霍華．舒茲說到，如果要打造一家可持續發展的偉大公司，我們需要不一樣的思路，必須要將為股東提供價值和為員工提供價值兩者連結起來。雖然我們是一家盈利性的上市公司，但我堅信，我們最核心的責任不僅是賺錢。應該這樣說，我們是一家以人文精神為基礎的績效驅動型公司。每週我參加管理層會議時，都會想像兩把空著的椅子，一個坐著星巴克的顧客、一個坐著星巴克的夥伴（在星巴克，員工被稱為「夥伴」）。所以我會每天問自己，我們的策略、我們的決策是否能夠讓我們的顧客和夥伴真正的感到驕傲。如果一個決策能夠為我們帶來更多的金錢，卻不會讓我們的夥伴和顧客感到自豪，毫無疑問這就是一個錯誤的決策。仁慈、憐憫心、人文精神、愛，這些詞彙也許不常在商學院的教科書裡出現。但這恰恰是我們打造一個長期、持久、繁榮的企業的基石。

星巴克透過關懷員工激發出他們的善意，為顧客提供溫暖的咖啡和服務。而 Google 則是為創意菁英提供自由、寬鬆的工作環境，創造出世界最領先的產品，提供自我價值實現的平臺。

在《Google 模式：挑戰瘋狂變化世界的經營思維與工作邏輯》一書中，Google 掌門人艾力克．施密特（Eric Schmidt）披露了 Google 的管理哲學。他提到，未來企業的成功之道，是聚集一批聰明的創意菁英，營造合適的氛圍和支持環境，充分發揮他們的創造力，快速察覺使用者需求，愉快的創造相應的產品和服務。未來企業的最重要功能是賦能，而不再是管理和激勵。賦能強調的是激起創意人的興趣和動力，給予挑戰。唯有發自內心的志趣，才能激發持續的創造。賦能比激勵更依賴文化。文化才能使志同道合的人走到一起。創意菁英不能用傳統方式去考核和激勵，本質上他們是自主驅動、自主團結的。激勵聚焦在個人，而賦能則強調團隊本身的設計，人和人之間的互動。

正是基於這樣的理念，Google 才會推出著名的「20%時間」，允許工程師拿出 20%的時間來研究自己喜歡的專案。這種工作方式富有成效的激發了工程師的創意，Google 的很多產品，如語音服務（Google Now）、Google 新聞（Google News）、Google 地圖（Google Map）上的交通資訊等，全都是「20%時間」的產物。「20%時間」最為寶貴的地方不在於由此誕生的新產品或新功能，而在於人們在做新的嘗試時學到了許多。絕大多數的「20%時間」專案都需要人們運用或磨練日常工作之外的技能，也常需要他們與在日常工作上不常打交道的同事相互合作。即使這些專案中只有很少一部分能夠演變為令人眼前一亮的新發明，卻總能產生更多亮眼的創意精英。就像烏爾斯．霍澤爾（Urs Hölzle）常說的，「20%時間」堪稱一家企業最好的員工教育活動。

培養關懷心—如何讓自己快樂，同時做到上下齊心

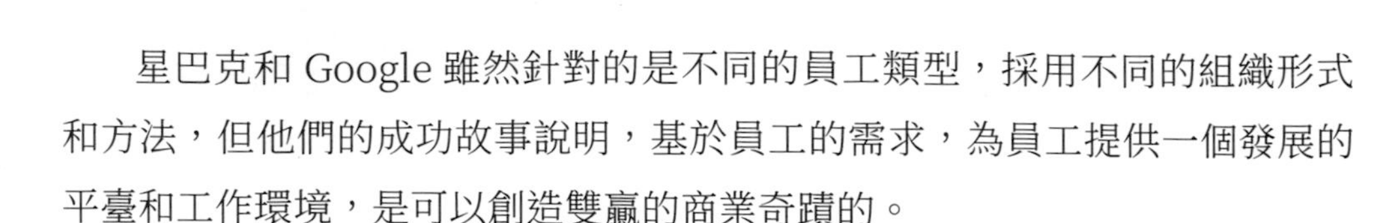

星巴克和 Google 雖然針對的是不同的員工類型，採用不同的組織形式和方法，但他們的成功故事說明，基於員工的需求，為員工提供一個發展的平臺和工作環境，是可以創造雙贏的商業奇蹟的。

員工是企業最重要的利益相關者之一，本著關懷心對待員工將帶來雙贏的商業奇蹟。而將關懷心的對象從下屬拓展到同事、上級，從公司同事再進一步拓展到其他的利益相關者，包括客戶、供應商、合作夥伴、政府監管機構、甚至是競爭對手，將幫助領導者們把企業帶到新的高度。

商業的競爭是很激烈的，而競爭程度與商業領域比起來有過之而無不及的是體育領域，其中最激烈的領域之一是美國職業籃球聯賽 NBA。最近的幾年，有支球隊在一位教練的帶領下不斷的創造了奇蹟，這個球隊就是金州勇士隊，主教練是史蒂夫．科爾（Stephen Douglas "Steve" Kerr）。史蒂夫．科爾，在球員時期，曾有 5 個賽季隨當時所效力的球隊獲得 NBA 總冠軍，其中 3 次在「禪師」菲爾．傑克森（Philip Douglas Jackson）執教公牛隊時取得。史蒂夫．科爾 2014 年擔任金州勇士隊主教練，將菲爾．傑克森的法寶之一 —— 正念帶入球隊。2014 ～ 2015 賽季，金州勇士隊獲得了久違 40 年的總冠軍。2015 ～ 2016 賽季，勇士在常規賽中獲得 73 勝 9 負的成績，打破了公牛在 1995 ～ 1996 賽季創下的紀錄，成為 NBA 歷史單賽季常規賽戰績最好的球隊。2017 年 6 月 13 日，勇士以 16 勝 1 負的季後賽戰績，超越 2000 ～ 2001 賽季的湖人（15 勝 1 負），成為 NBA 歷史上季後賽勝率最高的奪冠球隊。當被問及勇士的成功祕訣時，勇士的助理教練路克．華頓（Luke Walton）分享了總教練史蒂夫．科爾帶來的四個核心價值：快樂、正念、慈悲（關懷）、競技。「其中慈悲包括球隊成員互相的慈悲（關懷）和對籃球這個項目的慈悲（關懷）。當我們實踐這四個價值觀時，我們不僅很難被戰勝，而且看我們比賽會很好玩。」在競爭最激烈的領域，金州勇士隊卻在強調互相的關懷和對籃球這個項目的關懷。正是這種關懷，將他們的

視野和注意力放在最根本，也是最關鍵的事項上：如何不斷突破人類在籃球這個項目上的極限，並享受其中的樂趣。所以，在球場上慈悲關懷的對象也可以是競爭對手，並不是要讓競爭對手獲勝，而是本著對籃球項目的熱愛，發揮出自己的最佳水準，進而激發出對手的最高水準，共同來突破項目的極限，這才是真正意義上的關懷，而勝敗則是這個過程中的一個副產品而已。

在我們的工作坊中，當問及「對於什麼人我們容易產生關懷心？對於什麼人我們不容易產生關懷心？」時，多數的回答是，對於弱者我們容易產生關懷心，而對於對我們造成傷害，或是比我們強的人，我們不容易產生關懷心。這是人之常情，在上一節我們提到了同理心，當看到弱者在經歷痛苦時，我們會感同身受，自然也容易產生關懷心。而對於我們心中的強者，我們的假設是他們比我們過得好，不會有我們這樣的痛苦，或者是他們有能力承受這樣的痛苦，所以我們也就不容易產生關懷心。正是這種假設使我們在工作中，容易對下屬產生關懷心，而對於上級則不容易產生關懷心，對於客戶和供應商容易產生關懷心，對於監管機構和競爭對手則不容易產生關懷心。這種以自我為參照的上下、強弱、輸贏的觀念，將我們的視野和注意力局限在自我當下的狀態上，一方面阻礙了我們看到對方和我們一樣，也在經歷痛苦的真相；另一方面也阻礙了我們實現自我超越。但如果我們能夠訓練自己，讓關懷心的對象從所謂的「弱者」拓展出去，涵蓋盡可能多的對象，包括同事、上級、監管機構、競爭對手等，那麼我們就會看到，他們和我們一樣，也會面臨為了實現自身目標而產生的焦慮、煩躁、痛苦等。如果我們再深入分析，理解到我們的工作目標是實現企業和自身的願景，是一種價值實現，我們就可能轉變視角，將我們的同事、上級、監管機構、競爭對手都看作是實現這一更高目標的夥伴，只是有不同的角色和作用，我們也就可能超越自我，創造類似金州勇士隊這樣的奇蹟。

培養關懷心—如何讓自己快樂，同時做到上下齊心

當我們把關懷心的對象盡可能的拓展出去時，我們也就是在訓練關懷心的一個重要因素：平等心。關懷心不是一種由上而下的施捨，而是一種互相給予。有個企業家在演講中，分享了他深入理解關懷心內涵的一個故事：「2003年，我被朋友帶著去參觀一位德國女士開的盲童學校。我想，可能是讓我去捐錢吧，心裡帶著一絲絲『給予者』的優越感。孩子們唱歌歡迎我們的到來。領唱的男孩來自拉薩，叫久美，他純真、熱情而富有表現力的嗓音令人聯想到義大利盲人歌手安德烈．波伽利。在之後的交談中，久美抓住我的手不放。他用手把我的臉從上到下細細摸過一遍，笑著說，『叔叔，您是個好人！』那個剎那，我心裡顫抖了一下。一個世人眼中身有殘缺的孩子，卻是那麼的自信，對世界的看法是那麼的美好、積極。他揚起的笑臉給予我許多能量。讓我一下子從自以為是的捐贈者的心態上降了下來。所謂慈善、公益，也不僅僅是施與受的關係，不僅僅是給錢給物，更是平等的關注和互相的給予。」

真正的關懷心的對象可以是很廣泛的，在幫助他人的同時，也在幫助自身。

關懷心可以提升我們的幸福感，不但幫助他人，還可以提升我們的眼界。研究顯示，關懷心並非天生的一種能力，關懷心可以透過有意識的訓練得以加強。

加州大學柏克萊分校至善科學中心重點介紹了被研究證明有效的如下四個方法。

1. 感受到被支持：當感覺到壓力的時候，想一想你曾經去尋求過支持的人，回憶他們寬慰你的場景。研究顯示這個練習將幫助我們對他人產生更多的關懷心。
2. 關懷冥想：培育對我們愛的人、對我們自身、對無關的人、甚至是對手產生關懷心。具體的練習方法有許多大同小異的版本，對於初學者，我

建議使用《搜尋你內心的關鍵字》一書中介紹的「就像我一樣」和「慈愛禪修」練習方法。

具體的方法是，讓學員兩人一組，面對面坐著做這個練習。如果找不到人一起練習，只需要在心中想一個關心的人。

「就像我一樣」和「慈愛禪修」

準備

讓我們以舒適的坐姿坐好，保持兩分鐘。用一種能夠同時保持放鬆和警覺的姿勢坐下。保持自然呼吸，用一種非常溫和的注意力觀察自己呼吸。

就像我一樣

現在，慢速的閱讀下面的文字，在每一句結束時暫停，然後思考：

我的夥伴有身體、有心靈，就像我一樣。

我的夥伴有感情、情緒和想法，就像我一樣。

我的夥伴在一生中的某個時刻，經歷了悲傷、失望、憤怒、傷害或者困惑，就像我一樣。

我的夥伴在一生中，曾經歷了身體和情緒的痛苦與折磨，就像我一樣。

我的夥伴希望遠離痛苦和折磨，就像我一樣。

我的夥伴希望能夠健康、被愛，並且擁有令人滿意的親密關係，就像我一樣。

我的夥伴希望能夠幸福快樂，就像我一樣。

關懷

現在，我們允許自己表達一些願望：

我希望我的夥伴擁有力量、資源以及情緒和社會的支持，來應對人生中的困難。

我希望我的夥伴遠離痛苦和折磨。

我希望我的夥伴幸福快樂。

因為我的夥伴同而為人，就像我一樣。
（停頓）
現在，我希望我認識的每一個人都幸福快樂。
（長停頓）
結束
用 1 分鐘放鬆心靈，結束練習。

3. 將痛苦事件具象化：當看到新聞時，尋找具體的某個人的圖片，並試圖去想像他們的生活。當我們想到的是一個個有血有肉的人，而不僅僅是一個抽象的文字或數字時，我們更容易產生關懷心。
4. 激發利他心：研究顯示，當人們被提醒到「我們都是連結在一起的」的時候，會更容易激發出利他的行為，即使這些提醒是在很細微的地方。所以，我們可以盡可能創造這種提醒的機會，如在辦公室、教室或其他共同空間掛上一些表達友愛的溫暖的圖片，或是含有「社群」、「大家」這樣的語句。

***

在每一次的人際互動中，我們都在互相影響，這都是我們領導力的顯現。只有將溝通三要素：自己、他人、情境，三者都關注考慮到了，才會是有效的、健康的互動。這也就是薩提爾所倡導的一致性溝通模式，這時，我們的行為是有活力的、有創造力的、有生命力的、自信的、能幹的、負責任的、接納的、有愛心的、平衡的；我們的語言是帶有感受、思維、期待、願望及誠實的，開放而分享的，聆聽他人的，尊重自己、他人與情境三者的；我們的情感是平和的、平靜的、有愛心的、接納自己與他人的、腳踏實地的；我們高度認可自己的價值、欣賞自己的才能、慶幸自己的獨特性、接納價值的平等、與生命力連結；我們的資源是自我覺察、負責任的、開放的、關

懷自己與他人、統整；我們的身心是健康的。而要做到這些，我們要培育關懷心。

就像正念有時被誤解為逃避一樣，關懷心有時被誤解為軟弱和缺乏判斷。恰恰相反，正念是一種無畏的接納，關懷心是一種勇氣、一種四兩撥千斤的力量。一位智者說過，現代有那麼多的領導力理論，但還有什麼是比平等的關懷心更有力量的領導力呢！

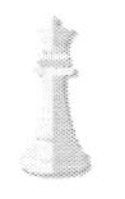

教練賦能 —— 如何激發他人的潛能，造就卓越團隊

管理就是安排和指示，領導則是滋養和提升。

—— 湯姆．彼得斯

最好的賦能：教練式領導

黃先生是房地產公司剛晉升不久的一位部門總監，負責專案的施工建設。這個新職責對黃先生是一個不小的挑戰。他還沒有負責過這麼複雜的專案，涉及幾十個來自不同國家的供應商和承包商，協調難度大。而且他的團隊中新人多，缺乏一起合作的經歷。同時，專案時間吃緊，不容許有過多調整和失誤。黃先生也有很多優勢，他過去的專案經驗雖然沒有那麼複雜，但他透過一套系統和科學化的流程進行管理，獲得很好的效果。黃先生有良好的教育背景，同時還善於組織內的溝通，特別是與上級建立了很好的關係，所以這次上級決定讓他升職，並安排了這個艱鉅的任務。面對上級的信任和安排，黃先生充滿了感激，也深受鼓舞，他充滿熱情的投入到工作中，經常加班工作，希望盡快建立他在之前專案上成功採用的流程和制度，來管理新的專案。可就在他到任新職位的 3 個月內，危機出現，一方面是工程的專案進度有些落後；另一方面，一些團隊成員在抱怨他缺乏經驗，還在暗地裡議論黃先生只是因為和上級的關係好，才得到了晉升。同時也有供應商在抱怨，說最近一些做法上的改變增加了工作量，效率也沒有提高。黃先生開始面臨腹背受敵的局面，他加班到更晚了，還經常把自己關在辦公室裡，親自去處理一些供應商的工作。同時，還要花時間與團隊成員一起吃飯，試圖建立良好的關係。但這些方法沒有奏效。最近，專案進度又要拖延了，此時，黃先生找到他的上級，傳達了這個壞消息，希望上級不要對他失去信心。

如果你是黃先生的上級，你會採取什麼行動呢？你會怎麼跟黃先生溝通呢？通常情況下，有這幾種情形：第一種情形是黃先生的上級幫他分析目前的情況，然後將自己的經驗傳授給黃先生。例如，如何在團隊內部樹立信任和權威，如何與供應商溝通這些變化，如何轉變角色和分配時間，減少自己直接參與具體工作的時間，進行授權和指導。第二種情形是黃先生的上級

看到專案進度延宕，直接干預黃先生的工作，試圖幫助其將專案的進度拉回正軌，等專案進展較為順利時，再將實際管理權交回給黃先生。第三種情形是黃先生的上級提出一些問題，幫助黃先生釐清思路，自己來評估當前的情況，然後透過提問，讓黃先生自己來發現目前的盲點、待改進之處及制訂行動計畫。第一種情形下，黃先生的上級和他繼續保持著很好的關係，上級的經驗也許對黃先生有一定的參考價值，但可能不適合為黃先生照搬個人的或者是全部的情況，而且也不是黃先生自己主動思考的結果，所以可能會被忽略或無意識的推翻。

第二種情形下，依靠上級的管理經驗和能力可能很快解決短期的問題，但也留下了許多問題，可能進一步減少了黃先生的團隊成員和外部供應商們對他的信任，可能加劇大家的懷疑，「黃先生之所以得到晉升僅僅是因為與上級的關係好」，這不但對黃先生自己，也對他上級的領導能力產生負面的影響。第三種情形下，由於上級是透過提問的方式讓黃先生自己尋找解決方案的，所以更有針對性，也更可能被黃先生接受和執行。如果事後證明是有效的話，對於黃先生的自信心和領導權威，會是一個很大的提升。當然，也存在著黃先生的方案可能不成熟的風險。

以上的三種情形代表著不同的領導風格和方法，第一種偏向於領跑型和關係型的風格，「學我的」、「如果是我，我會怎麼做」，喜歡用教導的方式來管理。第二種是專制型的風格，「照我說的做」，喜歡用命令式的方式來管理。第三種則是教練型的風格，「你追求什麼樣的結果？」、「我怎樣才能幫到你？」透過幫助員工發展能力來提升業績。這三種風格適合不同的情境，沒有高低上下之分，但從中、長期的企業發展來看，教練型的風格由於對工作氛圍會產生積極的影響，有利於為企業培養人才，而且員工會有非常高的參與度，所以被越來越多的領導者所重視和採取。

關於教練的重要性和價值，前奇異 CEO 傑克．威爾許的話最具體：「我只想做一名企業教練。我想提醒你們我觀念中的領導藝術是什麼，它只跟人有關。沒有最好的運動員你就不會有最好的球隊，企業團隊也是如此，最好的領導者實際上是教練！」透過教練型領導來發展公司內部人才，是保持企業長期競爭力的關鍵之一。

教練方式之所以特別有效，原因之一是它能夠鼓舞被教練者的內心，進而激發出他／她的潛力。教練方式認可、挖掘並依賴教練對象的熱情、意義和願望，期望他們的最佳表現，預言了他們的成功。在〈教練型領導〉一文中，詹姆斯．庫澤斯（James Kouzes）分享了一個教練方式創造奇蹟的感人故事。班尼特是被截肢者中第一個登上美國華盛頓州瑞尼爾山的人。1982 年，他在沒有安裝義肢的情況下，用一條腿和兩根拐杖登上了 4,392 公尺的頂峰。在攀登中途，班尼特和他的團隊必須穿過一個冰凍地帶。要想成功穿越，攀登者必須在靴子上套上鞋底釘，防止滑倒，這對於只有一隻腳，拄著拐杖的班尼特來說，是個不可能的任務，所以他決定匍匐前進。在這段特殊的旅程中，他年輕的女兒凱特和他一起，陪他經歷了 4 個小時的奮力前進。凱特在他的耳邊大喊：「你能做到，爸爸！你是世界上最好的爸爸。你能做到！」班尼特後來說：「沒有凱特在我耳邊呼喊這些話，我不可能穿過這個冰凍地帶。你想知道什麼是領導力？她所做的就是領導力。」凱特並不是登山的專家，也沒有告訴她的父親該怎麼做，但她的信賴和陪伴激發了班尼特，使他得以超越自我。

教練方式是最有效的賦能。教練的內容涵蓋範圍很廣，從高階管理者教練、領導力教練、職業發展教練，到人際關係教練、人生教練等。教練的風格也各有不同，有的是直覺型，有的是數據導向型，有的關注認知，有的關注感受，各不相同。但是，教練有一些共通的基本原則和理念，包括：

· 每個人都是富有創造性的存在，擁有自主解決問題的豐富資源
· 改變不僅是可能的，而且是必然的
· 教練透過聆聽和發問來找到解決問題的方法
· 教練是一種持續的夥伴關係
· 教練的結果在於追求內心變化和成長

教練的這些基本原則和理念的核心是信任，信任被教練者具有資源和潛力，而教練是協助被教練者去開發這些資源和潛力的夥伴。凱特在她父親班尼特耳邊的吶喊助威，就是因為信任父親可以做到。信任又是賦能的核心。賦能是給予員工更多的自主管理和參與決策的權力。如果缺乏信任這個核心要素，賦能只會是一個流於形式的新口號。管理大師亨利．明茨伯格（Henry Mintzberg）甚至說：「當你賦予了人們信任，也就不再需要向他們賦能授權。」

我們可以從教練過程對於被教練者的影響來看到教練的賦能作用。有一位有良好教育背景和工作履歷的經理困惑於如何突破職業發展的「瓶頸」，他認為自己的業務能力出眾，工作認真負責，跨部門協調能力也不錯，同事評價人際關係也很好，最近困擾他的問題是對於公司的一些不良現象該如何處理，以及如何發展到下一個領導階段。他找到我，希望我給他一些輔導和建議。我沒有憑藉我的經驗給他建議，而只是把他所說的話重複了一下，然後問了三個問題：①你想要什麼？②你作為觀察者，看到了什麼？③什麼是對你的真正挑戰？也許他一直在期待我會給出專家式的答案，所以當聽到我的這些問題後，他愣了一下。在隨後的深入思考中，他突然看到了那個一直制約他發揮領導力的癥結——「希望與人為『善』，保持良好關係」，然後他就明白了自己該採取什麼行動了。在1個小時的談話結束後，他面帶喜悅的握著我的手說：「這次解決了困擾我多年的問題。特別喜歡這種提問的

方式，讓我自己看到了問題，我現在很有信心。」不僅僅是我自己的案例，我也從其他教練的案例中一次又一次看到被教練者獲得自我覺察和突破後的被點燃的狀態。經常聽到的是「原來我也能做到」、「現在我明白了」。教練是「授人以漁」，教練是最好的賦能。

我們當中有些人可能不完全信服教練的強大作用，感覺似乎與現實中的實際經驗有差距。可能誤以為教練就是教導或是培訓。教導、培訓和教練的共同點是它們都希望能帶來改變和提升。區別在於：培訓關注的是內容的傳遞；教導關注的是以流程的方式朝預定的方向得出結果；而教練從內在動力出發，幫助被教練者激發潛能、釐清目標、落為行動。教導和教練的區別有時從表面上看是很細微的，最關鍵的差別在於是否有預設的方向。以上述的案例為例，如果我告訴這位經理什麼是領導力，領導者的核心能力，以及不同階段領導者所面臨的挑戰等，那就是培訓；如果我對他的情況有了判斷，形成了自己的觀點，認為他應該去勇敢的面對那些公司的不良現象，然後透過引導式的問題提問，比如「專業經理人的基本素養是什麼？假如是一位正直的專業經理人，他／她會怎麼做？」這就是教導的方式；如果我信任他自己擁有解決問題的豐富資源，抱著好奇和開放的態度，不對答案進行預設，在合適的時機透過類似「你想要什麼？」「什麼是對你的真正挑戰？」這樣的提問，激發他自己的覺察力，那就是教練的方式。

培訓、教導和教練適合於不同的場景，也有各自的利弊。培訓可以帶來直接的效果，而且涵蓋面廣，但缺點是不會太深入到個人的願景、價值觀和角色等這些具有深遠影響的議題。教練活動適合於一對一，投入成本高，但可以很深入的獲得本源上的成長。教導則介乎於培訓和教練兩者之間，但它有一個較大的風險：如果教導預設的方向與被教導者的方向不同，可能會引起被教導者的反感和抵抗，感覺被操控，造成反效果。

當被教練者做好了準備，具有這樣的一些特點：

· 對改變持開放態度
· 能夠反思和承認錯誤
· 願意帶著好奇和謙虛來傾聽
· 擁有個人使命感和熱情

並且對於教練的成果有了正確的期待，這時遇上合適的教練，就有機會帶來很好的效果。有一個研究數據是：培訓可以提高約 25%的生產率，而教練可以提高約 85%的生產率。

對於管理者實踐教練式領導的另一個挑戰，是平衡「專家」和「教練」的角色。專業對於管理者而言是很有價值的，很多管理者也是因為在專業領域的出眾表現而獲得提升。這使得管理者和團隊成員會有意無意的將專業性視為領導力中非常重要的組成部分。在出現挑戰或困難時，首先反應就是依賴領導者的專家角色。如果領導者能夠意識到這一點，把自己的專業能力作為整體團隊的資源之一，而不是全部資源，就可以帶領團隊更好的解決問題。這樣的過程不但可以幫助領導者提升領導地位，也可以賦能於團隊成員，可以把「解決問題」和「發展人才」兩者統一起來，而不是只能顧此失彼。

微軟 CEO 薩蒂亞·納德拉提到了對他領導力發展起了關鍵影響的三個故事，它們都發生在板球運動中的學習中。其中一次是從他的隊長身上學習到的。在一次比賽中，薩蒂亞投出的一個旋轉球被對手擊中了，之後，隊長接替了他的位置。隊長很快就擊中三柱門，擊球員出局。通常而言，在這種高水準發揮下，隊長會繼續擔任投球手。但這次，隊長很快將球交到薩蒂亞手裡，接下來的比賽中，薩蒂亞 7 次擊中三柱門。薩蒂亞反思隊長為什麼要這麼做時，他猜測隊長是希望他全年保持好的狀態，隊長知道如果他失去信心，就很難再找回來。這個經歷讓薩蒂亞學習到重要的領導力一課，什麼時候對個人和團隊進行干預，什麼時候重建個人和團隊的信心，也就是如何把

「解決問題」和「發展人才」更好的統一起來。

教練式領導是最好的賦能，也是企業長期可持續發展的關鍵要素之一。

發展成為教練式領導

教練有很多不同的流派和側重點，但大體來說對於教練有兩大部分的要求：一是教練自己的正念狀態；二是提出恰當的問題。

教練的正念狀態

《正念教練》的作者利茲．霍爾（Liz Hall）說「教練和正念是天生的一對」。我更是認為正念就是教練的核心。

從本質上說，教練過程就是促使被教練者獲得覺察，從而發生改變的過程。有效的教練問題是以提升被教練者的覺察力為核心的。我們可以從一個體育運動中的教練問題來類比。在球類運動中使用最頻繁的指令是「盯著球」。這個指令是否會幫助我們做得更好呢？往往不會。如果命令一個人去做他需要做的事，反而不能產生需要的結果。那麼什麼會達到我們的目的呢？如果我們問：

· 「你在看球嗎？」得到的回答也許是辯解，也可能是撒謊。
· 「你為什麼不看球？」得到的回答也許是更多的辯解，甚至是加上抱怨和對抗。「我在看啊」、「我在想動作啊」、「看球、看球，你還會教什麼」。

但如果我們用如下可以提升覺察力的提問，就會達到更好的效果：

· 球朝你飛過來時，是朝哪一邊旋轉的？
· 球過網時，高度是多少？
· 球反彈時，它是旋轉得更快還是更慢了？

這樣的問題促使球員觀察球，否則回答不了這些問題。同時，促使球員更集中注意力，提供更精確的資訊，進而可以更精細的處理球。這樣的提問是描述性的，並沒有評判，不會讓球員升起對抗或自責的情緒，也就產生了真正幫助球員的效果。

正念的本質就是覺察。正念透過不評判的、開放的、友善的、好奇的態度帶來覺察。這些態度正是教練過程成功與否的關鍵。教練是一門技術也是藝術。其藝術部分，或者說造就卓越的教練的關鍵部分，就是教練是否能保持正念的狀態。教練過程是個對話的過程，也是教練與被教練者能量的互動過程。卓越的教練能夠保持正念狀態，將兩人的能量引導到更高的層次。比如，在經過好幾輪的對話後，被教練者沒有能夠覺察，而且開始顯示出煩躁、不安，甚至開始質疑教練能力，此時，缺乏經驗的教練就可能會失去正念，被情緒牽著走，為了降低壓力，放棄讓被教練者去探索，轉而直接給出建議，而這些建議往往也無法真正解決問題。還有很多情形是教練在內心不斷的評判被教練者，或者是被教練者的問題引發了教練的共鳴，這都使得教練無法進行深入聆聽，無法聽到被教練者的能量和情緒狀態，當然也就無法完成高品質的教練過程。

卓越的教練是一面鏡子，可以讓被教練者看清自己。而要做好鏡子，要有這幾個要點：

· 明亮乾淨：教練不能有隱藏的目標和算計，要內心明亮、坦蕩，這樣被教練對象才會看清自己
· 穩定：教練要有定力，能夠覺察自己和被教練者的狀態而不受影響，將焦點全然的定位在被教練者身上
· 空：清空自己的經驗，讓自己歸零，不帶標準和評判，陪伴被教練者去探索和覺察

提摩西．高威（W.Timothy Gallwey）是美國運動心理學家，教練技術的先驅。他曾是哈佛大學網球隊的隊長，透過冥想練習來提高專注力，提升網球水準。他的著作《比賽，從心開始：如何建立自信、發揮潛力，學習任何技能的經典方法》銷量超過百萬冊，其中的訓練方法被應用於商界、健康和教育領域。他也為可口可樂、IBM 等企業提供教練支援。提摩西說明了不評判對於教練和被教練者的重要性，他說：「評判性的標籤往往會引起被教練者各種情緒反應，導致緊張、努力過頭、自責等問題……如果一個習慣於替自我貼標籤的運動員來向我求助，我會盡量不相信他自己的說法：『差勁』的反手動作、『差勁』的選手。當他擊球出界的時候，我會注意到網球出界這一事實，以及出界的原因，但有必要因此就把他的反手動作和他這個人本身評判為很差勁嗎？這樣的話，我糾正他的動作時他就很可能會感到緊張，就像他自己糾正自己時那樣。評判意識會使人緊張，而緊張會影響動作的流暢性，使人無法迅速做出準確的動作。」

提摩西接著講述了一個在教練過程中，基於不評判的態度而自然學習的故事，而這次他用的是真的鏡子。

> 1971 年夏天，提摩西．高威在網球俱樂部替學員上課。午餐時，一個叫傑克的學員急急跑去找他，大聲喊：「我的反手一直打得很糟，也許你能幫我。」
> 提摩西問他：「你的反手問題出在哪裡？」
> 「我反手引拍時，總是把球拍揮得太高。」
> 「你怎麼知道的？」
> 「至少有五位教練都這樣說過，但我就是改不過來。」
> 提摩西讓傑克做了幾次動作，剛開始時球拍放得非常低，但隨後還沒來得及向前揮拍，拍頭就抬到了肩膀的高度。那五位教練說得沒錯。提摩西讓傑克又做了幾次，沒有給出任何意見。
> 「有沒有好一點？」傑克問道，「我一直在努力放低球拍。」但每次一要向前揮拍的時候，他的球拍又會抬起來。

「你的反手沒問題，」提摩西安慰傑克，「越打越好了。我們再仔細觀察一下吧。」他們來到一扇大玻璃窗前，提摩西讓傑克再做一次，同時觀察鏡子裡的影像。傑克做動作時，拍頭太高的問題又出現了，但這次他大吃一驚：「哦，我引拍時球拍確實太高了，都高過肩膀了。」他話裡沒有評判的意思，只是吃驚的描述自己看到的情況。

傑克的驚訝也讓提摩西很驚訝。已經有五位教練告訴過他這個問題，而且他還說自己知道這個問題，但傑克的驚訝表達他並不是真的知道這一點，沒有直接的感受。傑克的意識始終集中於評判的過程，努力糾正這種「差勁」的擊球動作，卻沒有仔細感受過擊球動作本身。

傑克再次做動作時，看著鏡子裡自己的動作，自然而然的放低了拍頭。「這和我以前的感覺完全不同，」傑克告訴提摩西，接著他開始全神貫注的做動作。

午飯後，提摩西又餵了幾個球給傑克。10 分鐘後，傑克的動作十分自然，他感覺自己「狀態絕佳」。傑克停了下來，向提摩西表示感謝：「我真不知道該如何感謝你教會我這一切，僅僅 10 分鐘，我從你這裡學到的東西超過了 20 小時的訓練課。」

「但我教給了你什麼？」提摩西自己也很好奇的問。

傑克沉默了整整半分鐘，想要回憶到底提摩西講了什麼，最後說：「我完全不記得你跟我講過任何東西！你只是在旁邊觀察我，然後讓我比以前更仔細觀察自己的動作，我也沒有刻意的去想自己的反手究竟錯在哪裡，我只是開始觀察，似乎動作自然而然就發生了改變。我不知道為什麼，但這麼短的時間內，我肯定學到了很多。」

提摩西這樣描述這個過程中他自己和傑克的體驗：「那一刻的美妙感覺難以言述，我也說不清楚這感覺從何而來。淚水甚至湧上了眼眶。我有所收穫，他也有所收穫，這不是應該感謝誰的問題。我們隱約意識到，我們一起體驗了一次絕妙的自然學習。」

而這次的經驗，也讓提摩西深刻意識到：「我們的意識不思考、不評判的時候，就會平靜下來，成為一面完美鏡子。只有這時，我們才能看清真相。」

教練過程是教練和被教練者透過探索進入正念狀態，進而挖掘出潛力的過程。我們來重新思考一下之前舉的球類運動中「盯著球」的教練例子：當球員沒有盯著球的時候，也就是說他／她的注意力開始渙散了，缺乏正念（請回憶卡巴金博士的正念定義：「有意的、不做評判的、專注於當下而升起的覺知」）。此時，教練的指令「盯著球」，就類似於要求球員「保持正念，回到當下」這樣的指令。如果球員與教練之間有很好的默契和信任，球員把這句話視同為提醒，他／她可能就會重新集中注意力到球上。問題是多數情況下，我們並不容易接受別人給予的建議，有點像有時別人要求你「保持正念」，你會反感一樣。此時，教練需要改變問題，將球員的注意力導向需要保持正念的對象，也就是球，所以教練的問題需要圍繞著球本身。教練的問題是「球朝你飛過來時，是朝哪一邊旋轉的？」、「球過網時，高度是多少？」這樣球員的注意力自然會回到球本身，也就是重新回到正念的狀態。如果教練的意圖是要讓球員將注意力回到球上，但問題卻導向了其他的方向，例如「你在看球嗎？」、「你為什麼不看球？」這些問題將注意力導向了球員自身，而不是球，無法幫助球員回到專注於球的正念狀態。而一旦球員進入正念狀態，就會發揮出他／她的最佳能力。

在日常工作中，我們也能感受到一個保持正念的領導者的力量。在我們遇到挑戰和困難時，領導者的自信和從容令我們安心，讓我們盡快回到問題本身，而不會受到過多的情緒影響。同時，領導者如果沒有具體的插手我們的工作，而是協助我們讓我們自己找到解決方案，我們往往能實現超越預期的成果。正如思想家愛默生所說：「我們一直希望能遇見這樣的人，藉由他們的啟發成為想要的自己。」這樣的領導者也許並不一定是光芒四射的，但確實像一位智者，激發我們自己內在的力量。

提出恰當的問題

聆聽和提問是教練的根本技能。要提升教練技能，最好還是去參加系統的學習。這裡有些提問的基本原理和原則可供參考，即使未參加系統學習，也會有助於激發自我和他人的潛力。

（1）提出開放性的問題，但「為什麼」的問題除外

既然發展他人是核心目標，那麼探索的過程很重要。探索的重要方式就是開放式問題，封閉式或建議式問題會阻礙探索。我們先看看表 7-1 的一些區別。

表 7-1　不同類型的問題

開放式	封閉式	建議式
如何能在這個經歷中學到更多的內容？	這個地方是否可以學到更多的內容？	在這個地方學到更多的內容是否會對你有幫助？
你還能有什麼選擇？	聽起來，你在這兩個選擇之間舉棋不定是嗎？	在兩難之間做出選擇是不是很需要勇氣？

開放式問題引發了思考。開放式問題的 What（是什麼）、Why（為什麼）、How（怎麼辦）、When（何時）、Where（何地）與 Who（何人），要求被教練對象去深入思考，而「是否」、「對錯」、「好壞」之類的封閉式問題，則將問題局限在淺層的判斷中而成為探索的障礙。當被問到「這個地方是否可以學到更多的內容時」，被教練者的注意力聚焦於判斷上，而問題的答案只有「是」、「否」或「不知道」，被教練者沒有被給予更深入的思考機會。

建議式問題則隱含著提問者希望得到的答案和方向，比如「在兩難之間做出選擇是不是很需要勇氣」，這個問題隱含著提問者覺得被教練者缺乏勇氣來做決定，或是希望被教練者認可做決定需要勇氣的這一陳述。建議式問

題隱含著提問者的判斷，它的風險在於這可能與被教練者情況不一致，可能不是問題的真正答案，或者即使是問題的答案，但這並非被教練者自己探索得到的，對於被教練者的信念和心智提升的幫助不大。由於建議式問題也是以提問的形式來進行的，有些領導者會誤認為這就是教練式的提問了，在沒有達到效果時，就會開始懷疑教練的作用，而實際上建議式問題只是傳統指導方式的變相形式，並非有效的教練方式。

在開放式問題中的 Why（為什麼）需要特別注意，因為大多數人一被問到「為什麼」時，會習慣性的覺得自己被評判或被質疑，而產生防衛的心理。為了降低敏感度，我們可以用類似「什麼原因」這樣的問題來代替。

愛因斯坦說：「提出一個問題往往比解決一個問題更重要。因為解決問題僅僅是一個數學上或實驗上的技能，而提出新的問題，卻需要有創造性的想像力，而且標誌著科學的真正進步。」開放性問題不僅對自然科學的探索很重要，對於我們了解和發展他人同樣意義深遠。掌握開放性提問並不簡單，核心挑戰來自於對他人的好奇心，我們要訓練自己對他人的經歷、觀點、行為、情感保持真誠的好奇心，而不是以實現自己的目標為出發點，這樣有助於提出恰當的開放性問題。

當我們以好奇的態度去探究時，從一個簡單的問題出發，並不斷的深入提問，就可以發生神奇的效果。一位高階管理者對於公司創始人在融資過程中的一些不恰當行為表示不滿，但很糾結該採取什麼行動，於是我提了一個問題：「對於妳的挑戰是什麼？」她提到與公司創始人的同學關係，使她拋不開面子去公開討論這件事。我接著問：「對於妳，真正的挑戰是什麼？」她接著說，她擔心面對關係的衝突，以及自己是否會被其他人接受。在稍微一段安靜之後，我接著問：「對於妳，真正的挑戰是什麼？」她愣了一下，在一段思考後，她說，她突然意識到她對於承擔責任的恐懼，所以在重大問題上，有把問題和責任都推給別人的傾向，而這也正是她在領導力發展上最

需要突破的地方。這個覺察幫助她找到了發展的「瓶頸」。在離開的時候，她感謝我說，謝謝你沒有直接給出答案，如果給出答案的話，我可能只是聽聽，而我自己思考的結果幫助更大。這個持續的「對於你，真正的挑戰是什麼」的提問，就像是在我們內心打井的過程，開放而深入，就會有所收穫。類似的，教練們經常使用、百戰不殆的提問是「還有呢？」

開放性問題是引導我們探索和成長的工具，雖然簡單，但回報極大。

（2）面向未來、以解決問題為導向的提問

教練過程是一個對被教練者干預的過程。而教練問題反映了干預的方向。當出現問題和挑戰時，當事人可能會身陷其中，無法客觀冷靜的看待局勢，情緒的波動再加上自我批評的慣性，使當事人陷入懊惱和悔恨，而不是面向未來。

無論是之前作為管理者還是現在作為培訓師和教練，我也經常陷入對已發生事情的懊惱中，「剛才培訓活動中的解說，如果能更淺顯易懂或者結合一個故事來解釋，那就好了，學員可能更容易理解」、「剛才的建議如果更有針對性就好了」等，就是我們在第三章中所提到的「大腦的負面偏好」所帶來的典型表現。

教練的提問就是對這一過程的干預，幫助我們從過去的情緒中走出來。可以參考以下的教練問題：

- 你想要的是什麼？
- 什麼原因使得這個目標對你那麼重要？
- 你能做什麼？
- 你怎麼知道你已達成了？

「你想要的是什麼？」這個問題一下就把我們的注意力從面向過去的懊

惱帶出來，朝向未來。這個問題很簡單，但我們的慣性思維卻經常把它給忘了。在教練培訓的工作坊中，一位老師分享了這個問題的強大作用。她周圍經常會有一些習慣抱怨的人，過去她面對這些人時，會花時間聽他們的訴苦，很耐心的開導他們，在學習了教練之後，她開始採取新的方式，在適當的時機打斷對方幾乎無休止的控訴，然後提問「你想要的是什麼？」這個問題經常讓對方有如夢初醒的感覺：「抱怨了這麼多，對我有什麼幫助呢？」一個簡單的問題就這樣幫助了對方。

「什麼原因使得這個目標對你那麼重要？」這個問題有助於被提問者去探索更深層的價值觀方面的問題，挖掘更大的動力來面對困難。

「你能做什麼？」和「你怎麼知道你已達成了」，則是將注意力導向了問題的解決方案和具體的目標。提問「你能做什麼？」而不是告訴別人他應該做什麼，就是將主動權和責任感賦予了被教練者，而且聚焦在行動上，這也讓教練的成果從覺察進一步變成行動，成為更堅實的成果。

在教練與領導領域的經典書籍《高績效教練》一書中，介紹了GROW模型，即目標設定（Goal）、現狀分析（Reality）、方案選擇（Options），以及行動——做什麼（What）、何時做（When）、誰去做（Who）和意願（Will）。這種以面向未來、解決問題為導向的教練問題，有助於提升績效，並培養被教練者的覺察力和責任感。

（3）透過更高維度的問題來點亮前進的道路

- 「當你在20年後實現你的願景時，如果用一幅畫來描繪，你看到了什麼？」我的教練問道。
- 「我看到了我和很多人在一起，大家圍成一個圈，每個人臉上都充滿了笑容。」我回答說。
- 「你感覺怎麼樣？」教練繼續問。

·「我覺得很溫暖、安心、幸福。」我回答道。

·「如果那時的你給現在的你一些建議，會是什麼呢？」教練問道。

·「嗯，我想一是要有信心，正念練習是很多人所需要的，而且會很有幫助。二是要根據不同的人的情況進行調整，你看有這麼多不同的人，大家需要的方式方法也不太一樣。」

這是我的教練向我進行「如何推廣正念練習」的一個過程片段。當我的問題是「如何做」的時候，教練卻透過提問把我的注意力推向願景，並透過願景中的感受進一步提升願景所帶來的能量，而讓「未來的我」給我自己行動的建議。這就是教練中常用的邏輯層次的工具：「願景——身分——價值觀——能力——行為——環境」，前三個也被稱為「上三層」，後三個為「下三層」。

很多時候，作為當事人，我們希望立刻解決問題，就會將自己陷入下三層的「能力、行為、環境」這些問題中，比如，「我的孩子數學不好，我主動教他還不聽，我該怎麼辦？」「主管要求我開發一個新的課程，我覺得不是很重要而且又沒有資源，但他老是催我，我該怎麼辦？」我們將自己的注意力放在了該如何做，做什麼，什麼時候做，以及在哪裡做這樣的問題，而一旦進入困境和僵局，就可能進入惡性循環，進而無法對情況進行全面和客觀的覺察。我們可能會忘記「什麼才是孩子成長真正的需求？」「培訓課程對於組織的價值在哪裡？」等更核心和根本的問題，使得我們無法利用更高維度的思維來引領我們的行動。

在面對「我的孩子數學不好，我主動教他還不聽，我該怎麼辦？」時，思考一下以下問題：

·「你覺得在教育孩子的過程中，有哪些重要的原則？」

·「這些原則可以表現在哪些方面？」

·「妳覺得母親在孩子成長過程中扮演什麼角色？」

·「妳理想中的母子關係是什麼樣子的？妳會怎麼形容？」

類似這樣的教練問題將我們的思維從「我該怎麼辦？」的下三層問題引導至價值觀、身分和願景這樣的上三層的維度，我們就可能有更宏觀的視角來面對這個問題，而很多時候還會發現問題不僅僅是在數學學習方面，而是有一些更深層的衝突和矛盾，我們也可能會有更大的收穫。

教練的提問核心之一是幫助被教練者提升覺察力，而更高維度的問題就像是把探索的燈籠舉得更高一些，幫助被教練者看到更大的範圍，發現真正的問題阻礙及解決方案。

***

企業要長期發展就需要同時顧及解決問題和發展人才這兩個方面的問題，教練式領導是有效的解決方案。馬雲是教練式領導的典範之一。2017 年 6 月馬雲在美國底特律與著名訪談節目主持人查理 · 羅斯（Charlie Rose）的對話，他說：「我曾受到師範專業訓練。我對技術知之不多，我不了解電腦的原理，我到現在都不清楚軟體是如何工作的，我也不會會計和市場行銷知識，那些方面我都了解不多。但我從教師經歷中學到的是，一個教師永遠希望自己的學生比自己更成功、更優秀。這也是我對如何做一個優秀 CEO 的理解……當你做老師的時候，你會希望這個學生將來成為銀行家，那個學生成為科學家，那一位可以當上市長。你絕不會希望這個學生破產，那個學生進監獄……這就是我從教師經歷中得到的益處。當我做了 CEO 之後，我稱自己是首席教育官……我的工作也不是讓人們喜歡我，我的工作是要啟發人們思考。」

教練式領導激發被教練者，他們提出問題多於給出答案，他們在給出指導前先尋求理解，他們的要訣是提升被教練者的覺察，其核心是正念，透過

聆聽和提問來實現。教練式領導幫助自己和他人脫離困境，不再受困於「受傷的獵豹」或是「溫水煮青蛙」的境地，帶來極大的幸福感和成就感，它展現了領導者工作最美好的一面，「成就他人、成就事業」。

通往幸福的探索之路 —— 重新思考幸福、商業和競爭

幸福就在當下，在平常而不平凡的工作中。

—— 佚名

追尋幸福的道路

我們從變革時代管理者的困境談起，我們之中的很多人陷入焦慮、困惑或是無力而放棄的狀態，我們並不幸福。這也不僅僅是職場人士所面臨的困境。最近發生的一個很有社會影響力的事件對此進行了很好的闡述：

2018 年 2 月，中國最成功的風險投資基金之一、管理著 30 億美元風險投資基金的經緯中國的合夥人邵亦波宣布將淡出經緯，投身公益事業，創建一個慈善基金。如下是他對此舉動的一部分說明：

向人類的苦難宣戰

最近我決定創建一個慈善基金，並承諾先投入一億美元。總部設在美國矽谷，但望眼全球，也將在中國投資。這個新基金形式上類似於傳統的風險投資，但有本質區別：它不以盈利為第一目標，而著重於用科技滿足人類深層次的需求，減少世界上的苦難。

這裡我想聊聊這幾個關鍵字背後的思考。

關於世界上的苦難

說起人類的苦難，我們馬上聯想到外在的苦難，比如饑荒和疾病。然而在很多發達國家，物質匱乏已漸漸不是問題，但另一種苦難 —— 人們內心的空虛，孤獨，茫然，焦慮 —— 並未隨之消除。

相反，人們的心理狀態每況愈下：統計數字顯示，美國近百分之七的成年人在過去一年至少出現過一次重度憂鬱；從 2007 年到 2015 年，美國青少年女孩的自殺率翻了一倍。其中大多數人在默默承受，不敢找醫生，甚至不願意讓最親的人知道。

這些數字只是冰山一角，還有很多人未被確診為精神障礙，但他們的內心並不快樂充實，活在焦慮當中，以為得到社群媒體的下一個按讚、下一次

的升職機會或財產數字再加一個零，就會快樂。許多「有幸」如願的人卻失望的發現：快樂只持續幾天，甚至幾小時，而焦慮卻無止境，因為他們繼續渴望被按讚、升職、發財，而且爬得越高，越怕跌回去，焦慮只增無減。

而且，外在物質上的苦難，也源於內心的障礙，並不是因為我們沒有足夠的資金去解決外在問題。舉例來說，讓世界上飢餓的人全都填飽肚子需要300億美元，這個數字看起來很龐大，但美國人一年花費在減肥計畫和產品上的費用卻超過600億美元。

現有的經濟體系和商業模式有自己的「意願」和慣性。

這個意願顯然不是減少人類的苦難。

從人心出發，重新審視我們的經濟體系和商業模式，新的解決方案也許就會出現。這個慈善基金是我想做的一個嘗試。

關於人類深層次的需求

人們想要吃糖，其實需要的是營養。想要性刺激，其實需要的是親密無間的關係。忍不住埋首手機裡，其實是渴望每分鐘都能過得有意義。想要名利，其實需要的是愛。想要財務自由，其實需要的是心靈的自由和開放。

就像多吃糖不健康，只關注「想要」什麼，不去了解自己和正視心底真正的「需求」，是人們焦慮、空虛、孤獨和茫然的根本。

創業滿足人們的「想要」比較容易，但大多時候無法減少苦難，甚至恰好相反。很多科學研究指出，Facebook的使用和美國青少年憂鬱症上升直接掛鉤。一個赫赫有名的矽谷VC和我坦承，人類的七宗罪——虛榮、嫉妒、憤怒、怠惰、貪婪、過度及色欲，他投資的很多成功公司都依靠和助長其中至少一兩條：Facebook是虛榮，Zygna是怠惰。

世界上的苦難和不幸，無法靠滿足人們的「想要」解決。

洞察和滿足人們真正的「需求」，需要超人的智慧和毅力，需要創業者的特種兵。他們首先需要修心，像儒家說的格物致知，了解自己最深層次的需求。自己有所領悟，才能去體會和幫助他人。

對投資者來說，投資那些滿足人類的「想要」，如占有、刺激或攀比等欲望的企業可能更容易賺錢，但我選擇支持有理想的創業者做更加有挑戰和更有意義的事。

***

邵亦波指出了一個很多人也許表面上知道，但內心卻沒有真正信服的事實：僅僅依靠外在的條件，特別是物質財富，無法提升我們的幸福感。從某個角度，我們現在所處的時代是最好的時代。哈佛大學著名的認知心理學家和科普作家史蒂芬·品克（Steven Arthur Pinker）用數據說明了世界正在如何變好：

· 如今你被閃電擊斃的可能性要比世紀之交時小 37 倍。這並非由於雷暴變少了，而是因為我們有了更好的天氣預測能力和更完善的安全教育，並且更多的人住在了城市裡。
· 人們花在洗衣服上的時間從 1920 年的每週 11.5 小時減少到 2014 年的 1.5 小時。這在人類進步的宏偉計畫裡或許顯得微不足道，但洗衣機的出現使人們—尤其是女性—得以騰出時間來做自己想做的事，從而改善了自身的生活品質。這意味著每週都有近半天的時間可以用來做其他任何事，如一口氣看完電視劇《黑錢勝地》或閱讀一本書，或者開始一項新的事業。
· 你死於工作職位的可能性大大降低。美國現在每年有 5,000 人死於工作事故，但這一數字在 1929 年時高達 2 萬人，而當時我們的人口還不到如今的五分之二。那時的人們將致命的工作場所事故視為謀生所要付出代價中的一部分。如今，我們懂得多了，於是設計出了新的方法，工作

時不會將人的生命置於危險的境地。

· 全球人口的智商平均數每十年提高 3 分左右。由於營養得到改善，生活環境變得更加清潔，兒童的大腦發育得更加充分。品克還把這歸功於課堂內外更多的分析性思維。想想看，每次查看手機螢幕或地鐵地圖時，你要理解多少符號。現如今的世界鼓勵人從很小時就鍛鍊抽象思維能力，這使我們變得更加聰明。

我們在許多方面獲得了進步，卻在一個關鍵指標「幸福感」上沒有突破。理查 · 萊亞德（Richard Layard）是倫敦政治經濟學院的教授，被稱為英國「首席幸福經濟學家」，提出並推動實踐「幸福無疑是社會值得努力的目標」這一理念，他是聯合國大會《世界幸福指數報告》的起草者。在他的倡導和主持下，「幸福行動力」運動已經有來自 140 多個國家的超過 30,000 名成員。他研究指出，從 1945 年到 2000 年，人們的平均收入成長了約 3.2 倍，而感到非常幸福的人群的比例卻一直徘徊在 30%左右。

這是宏觀層面的分析。而在微觀層面，當家庭年收入達到 7.5 萬美元（已開發國家的研究數據），達到滿足基本需求後，幸福感的提升就很緩慢或者是停滯的。

這是從數據的角度來直接說明「物質財富到了一定程度不會增加幸福」的事實。心理學中著名的「馬斯洛需求層次理論」也從某個角度說明了這一點。馬斯洛是美國社會心理學家、人格理論家和比較心理學家，人本主義心理學的主要發起者和理論家。馬斯洛理論把需求分成生理需求、安全需求、社會需求、尊重需求和自我實現需求五類，依次由較低層次到較高層次：

馬斯洛認為，人類價值體系存在兩類不同的需求，一類是沿生物譜系上升方向逐漸變弱的本能或衝動，稱為低階需求和生理需求；一類是隨生物進化而逐漸顯現的潛能或需求，稱為高階需求。

人都潛藏著這五種不同層次的需求，但在不同的時期表現出來的各種需求的迫切程度是不同的。人的最迫切的需求，才是激勵人行動的主要原因和動力。人的需求是從外部得來的滿足逐漸向內在得到的滿足轉化。

低層次的需求基本得到滿足以後，它的激勵作用就會降低，其優勢地位將不再保持下去，高層次的需求會取代它成為推動行為的主要原因。有的需求一經滿足，便不能成為激發人們行為的起因，於是被其他需求取而代之。

高層次的需求比低層次的需求具有更大的價值。熱情是由高層次的需求激發。人的最高需求即自我實現，就是以最有效和最完整的方式表現他自己的潛力，唯此才能使人得到高峰體驗。

人的五種基本需求在一般人身上往往是無意識的。對於個體來說，無意識的動機比有意識的動機更重要。對於有豐富經驗的人，透過適當的技巧，可以把無意識的需求轉變為有意識的需求。

馬斯洛還認為：在人自我實現的創造性過程中，產生出一種所謂的「高峰體驗」的情感，這個時候是人處於最激盪人心的時刻，是人的存在的最高、最完美、最和諧的狀態，這時的人具有一種欣喜若狂、如醉如痴、銷魂的感覺。

如果套用馬斯洛的理論，物質財富只能解決初級階段的生理需求和安全需求，經過了這個階段後，就無法持續的提升幸福感了。

人們沒有能夠提升幸福感的很大一部分原因，與沒有能夠接受和實踐「物質財富和成功不一定會帶來幸福」有關。

假設你面臨這樣兩個工作機會選擇，一個是更有意義的工作，同事很友好，薪酬還可以，但不是說非常高;另一個則會侵蝕你的心靈，同事不友善，但薪酬高不少。如果其他條件都一樣的話，你會選擇哪一個呢？當被問到這個問題時，有 88%的參與者說為了幸福，他們會選擇前一個工作。但是，在

追蹤他們的實際選擇時，只有55%的人實際選擇了前一個工作。也就是說，有33%的參與者明明知道什麼才是可以提升幸福的，但卻為了獲取更多物質財富而做出不同的選擇。

這就是美國德州大學的拉伊．拉赫胡納森（Raj Raghunathan）博士在「如果你那麼聰明，為什麼還不幸福？」的演講中指出的研究分析。有一個非常基本的幸福悖論：很多人宣稱自己將追求幸福作為首要目標，但是實際上卻在追求其他目標。當被問到「不同的目標的重要性」時，從高到低依次是：幸福、成功、智力、財富。然而人們的實際行動卻表現重要性排序從高到低是：財富、成功、智力和幸福，而且以財富為追求首選的占比，遠高於追求幸福的占比。

如果我們沒有將幸福當作真正的目標，沒有將時間、精力、資源投入其中，我們自然無法提升幸福感。而造成這個現象有兩大方面的原因。

第一方面是對於幸福的誤解。很多人認為幸福是主觀的、抽象的、不可捉摸的、不可控的，是一個無法被測量的感覺，所以容易被忽略。還有人會將幸福與懶惰、不上進關聯起來，內心其實是有些害怕幸福的。而事實上，幸福的人更有生產力。加州大學河濱分校的心理學教授索妮亞．柳波莫斯基（Sonja Lyubomirsky）和同事經過調查研究發現，比起感覺不幸福的人，幸福的人的生產率高出31%，銷售額高37%，而且創意能力高出2倍之多。另外一個誤解是幸福相當程度上取決於外在的環境，如財務和健康狀況等，而索妮亞指出，這一部分只占10%左右的影響。

第二方面的原因是來自於舊有經驗的慣性延伸。就以物質財富為例，當人們從生活特別貧困到有了一定的物質基礎，這一過程中，我們的幸福感確實有提升，而這個經驗會給我們一個錯覺，以為繼續不斷的增加物質財富，就會繼續不斷的提升幸福感，即使事實情況不是這樣的。在社會關係中，有

一個習慣根深蒂固，需要花很多努力才能改變，那就是我們的快樂或不快樂是比較出來的。有這麼一個實驗，如果完成了同樣一個工作，情景一是：你得到 100 元，另外一位得到了 50 元。情景二是：你得到了 100 元，另外一位也得到了 100 元，這個實驗的結果是很多人在情景一中比起情景二中更快樂。我們很多情況下並不是因為這件事本身帶來快樂的，而是透過社會比較來獲得的。當我們從一次的社會比較中獲得成功，體驗到了快樂，就可能會希望有第二次這樣的體驗，接著第三次，漸漸的落入這個出人頭地的陷阱中。這種透過外在比較獲得的快樂總是不確定的，容易變化的，自然也無法持續的帶給我們幸福感。

關於幸福的研究是近年心理學特別是正向心理學的核心領域。被稱為正向心理學之父的馬汀．塞利格曼所著的《邁向圓滿：掌握幸福的科學方法&練習》一書中，他提出了幸福的五要素 PERMA：

· 積極情緒（Positive Emotion）
· 投入（Engagement）
· 關係（Relationship）
· 意義（Meaning）
· 成就（Achievement）

馬汀．塞利格曼也介紹了一些具體的方法來提升幸福感，建議有興趣的讀者參考閱讀。我們在本書中介紹的可用於工作場所的正念領導力，與 PERMA 緊密相連：

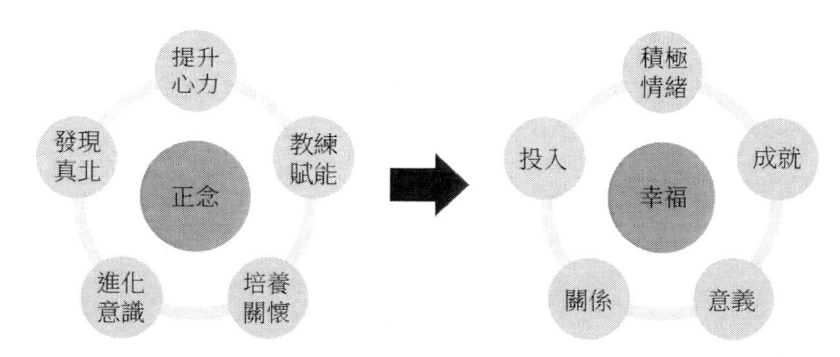

圖 8-1　正念領導力和幸福

· 正念和提升心力有助於提升積極情緒。
· 正念、提升心力和發現真北有助於投入。
· 培養關懷有助於關係。
· 發現真北有助於意義。

提升心力、發現真北、進化意識、培養關懷和教練賦能都有助於成就。

我之所以要做這兩個框架之間的關聯，不是為了把本書的內容穿鑿附會到權威理論上。我希望說明的是，只要方法得當，工作場所恰恰是可以提升我們幸福感的地方。職場人士的一大半時間在工作場所度過，對於尚未從工作中體會到幸福感的人來說，這真是一個好消息，我們將很有可能得到更多的幸福。

對於處在困境的職場人士來說，一個更明確的好消息是，我們又多了一個選項：除了暫時逃離，正如在社群媒體上曾頻繁出現的「逃離都市」，我們還可以選擇就在原來的工作場所中脫離困境，實現轉化和蛻變。一位女性經理分享到，一旦實現了轉化，好像進入了新的天地，不但自己感到幸福，也為別人帶去了幸福。

為了提升幸福，我們需要將這一目標落實到行動方案。哈佛大學著名教授克萊頓·克里斯坦森（Clayton Magleby Christensen）和其他兩位作者在《你要如何衡量你的人生》(How Will You Measure Your Life?) 一書中說:「你可以談論一切你想要的人生策略,明白動力之所在,平衡好志向與意外機遇的關係,但是,如果不花時間、金錢和精力在上面,最終都毫無意義。換言之,『人、財、物』的分配是最重要的,也是商業上常說的『資源配置』。」

為了確保執行到位,我看到的最有效、也最簡單的方法是世界著名的管理教練馬歇爾・葛史密斯的「每日問題檢查表」的方法,首先自己制定一個可實現的每日工作清單,然後花幾分鐘進行一個客觀的評估,確保按照計畫來投入時間、金錢和精力。這個方法非常簡單,有兩個要點是成功的關鍵。

1. 每日清單中的問題除了可量化的具體的事項,還包括對於自己付出努力的主觀評價,這樣既有對於結果的衡量,也有對於過程的掌握,同時也保持了靈活性和可能性。這是馬歇爾自己的每日清單中的部分問題,可以參考一下:

- 你是否盡力來:
- 提升幸福
- 發現意義
- 參與
- 建立關係
- 設定目標
- 在目標上獲得進步
- 你感到多幸福?
- 你的活動多有意義?
- 你計劃和執行的情況如何?
- 用多長時間來冥想和積極思考(15 分鐘)?

· 花在無法控制的事情或無關緊要的事情上的時間是多長（15 分鐘）？
· 看電視花費多長時間（30 分鐘）？
· 在非商業的網路內容上花費多長時間（30 分鐘）？
· 生氣或非建設性語言的次數是多少？
· 雖然這麼做不值得，但仍然去「證明我是對的」的次數是多少？
· 寫作的時間是多長（40 分鐘）？
· 睡覺的時間是多長？
· 為孩子們做或是說一些好的事情的時間是多長？
· 鍛鍊身體的時間是多長？

2. 如果自己無法堅持來評估每日清單，可以請別人來協助完成這項工作。為了避免像絕大多數的工作計畫一樣虎頭蛇尾，馬歇爾請人每天打電話給他，花幾分鐘來問這些問題，就像替自己戴了一個緊箍咒和護身符。還有一種方法切實可行，就是找個志同道合的夥伴互相提問、督促和扶持。

「每日問題檢查表」確有神奇效果。馬歇爾的一位輔導對象，他也制定了每日清單，其中一項是關於體檢，他一直沒有去執行。這樣過了兩、三個月，突然有一天他再也不好意思拖下去了，他立刻去醫院檢查身體，發現了癌症的早期症狀，幸好發現得還算及時。「每日問題檢查表」以清單機制確保我們的時間、金錢和精力得以正確配置，實現人生和事業目標。

現在，就開始制定你的「每日問題檢查表」吧！

關於商業和競爭的思考

領導力無關乎我們的頭銜、職位，而在於我們是否真誠的關心他人的福祉，並採取相應的行動，進而對他人產生積極的影響。當今社會，商業領域掌握著世界絕大多數的資源，所以商界的有識之士，不僅僅關注自己的幸福，也在思考如何透過商業來創造而不是減少社會福祉。

商業不就是以利潤最大化為目標嗎？商業中的競爭有利於效率的提高，並且增加了社會的總產出，但同時它是否以犧牲別人的利益為代價，是否和關懷心相衝突？商業是否只需要關心如何增加產出，而把提升社會福祉的事留給政府和社會組織？

200 多年前，亞當．史密斯以「看不見的手」來說明市場是如何釋放生產力，增加社會效益的：「每個人都試圖用他的資本，來使其生產品得到最大的價值。一般來說，他並不企圖增進公共福利，也不清楚增進的公共福利有多少，他所追求的僅僅是他個人的安樂，個人的利益，但當他這樣做的時候，就會有一雙看不見的手引導他去達到另一個目標，而這個目標絕不是他所追求的東西。由於追逐他個人的利益，他同時促進了社會利益，其效果比他真正想促進社會效益時所得到的效果更大。」市場這隻「看不見的手」釋放了生產力，極大的豐富了我們的物質生活。現在，我們是否可以進一步改善這隻「看不見的手」，使得它不僅可以提升我們的物質生活，也有助於提升我們的幸福感？作為市場主體的企業可以怎麼做？作為職場人我們又該怎麼做呢？

可喜的是，越來越多的學者、官員和企業家在思考這些問題。雖然還在摸索階段，但也湧現出越來越多的方案，包括旨在解決社會問題、增進大眾福利，而非追求自身利潤最大化的社會企業的模式，為產生社會和財務報酬而提供並使用資本的社會投資（social investment），以及眾多的社會創新項目等。在商業領域，著名的策略管理大師哈佛大學教授麥可．波特

（Michael E. Porter）和他的同事馬克．克雷默（Mark Kramer）提出的「創造共享價值」，也為解答這些問題提供了方向，他們提到：

「近些年，商業被視為造成社會、環境和經濟問題的禍首。公司獲得的繁榮，被認為以廣泛的社會利益受損為代價。更糟的是，企業越是積極承擔社會責任，人們就越是將社會問題歸咎於企業。大眾眼中的企業正當性，已跌至近年谷底。對企業的信任日趨減弱，促使政治領袖制定損害競爭力，削弱經濟成長的政策。商業陷入了惡性循環。

「問題主要出在企業本身。企業仍困於一個過時的價值創造模式中，這個模式是近幾十年形成的。企業將價值創造看得過於狹隘，僅僅追求泡沫中的最佳短期財務收益，卻忽略消費者最根本的需求，罔顧攸關企業生死的社會影響，最終阻礙了企業長遠成功。

「企業必須將商業和社會重新整合到一起。大多數企業仍停留在『企業社會責任』思維模式中，社會議題被邊緣化。我們缺乏的，是一個整體性引導框架。

「問題解決的途徑在於共享價值原則：企業為社會創造價值，應對社會挑戰，滿足社會需求過程中，創造出龐大的經濟價值。商業必須重新連接商業成功與社會進步。共享價值不是社會責任，不是慈善，甚至不是可持續發展，而是一種達成經濟成功的新方式。共享價值不是公司的次要活動，而是核心活動，它將引領下一輪商業思維變革。」

創造共享價值比起企業社會責任的理念又推進了一步。企業社會責任（Corporate Social Responsibility，簡稱 CSR）是指企業在創造利潤、對股東和員工承擔法律責任的同時，還要承擔對消費者、社群和環境的責任，企業的社會責任要求企業必須超越把利潤作為唯一目標的傳統理念，強調要在生產過程中對人的價值的關注，強調對環境、消費者、對社會的貢獻。然而，企業社會責任沒有強調把企業的業務與社會責任進行結合，在很多情

況下，有為了做而做的感覺。比如，一個南方的房地產公司的企業社會責任活動是北方地區的沙漠治理，一個汽車製造商的企業社會責任是落後地區的扶貧專案，雖然這些與企業自身業務沒有關聯的社會責任活動都很好，但也混淆了企業與社會公益組織的業務範疇和存在的目的。而創造共享價值則強調企業要基於業務去創造社會價值，社會價值和商業價值是有機融合而不是分開的。這就解決了企業的商業業務與社會責任是兩個不相干的領域帶來的問題。

有一些企業已經在探索和實踐創造共享價值，雀巢是其中的一個代表。在創造共享價值的願景中，它寫道：

「創造共享價值是雀巢業務經營不可或缺的一部分。雀巢關注核心業務的基本要素：營養、水管理及農業社區發展。我們相信我們能夠超越企業社會責任，透過核心業務為股東和社會創造價值，從而為社會發展做出貢獻。我們創造共享價值的核心基於我們對社會的基本承諾，即按最高標準守法守則，保護環境，為子孫後代造福。」

雀巢在這一願景下，將這些要素落實到日常的經營管理活動中，並進行衡量和考核。

企業透過創造共享價值，可以把社會價值和商業價值有機的統一起來。這也有利於職場人士提升幸福感。我們的人生和事業目標除了創造和獲得物質財富外，也還包括更有意義的社會價值創造，有些人的目標是減少和消除人類疾病，有的是提升營養，改善人類健康狀況，有的是改善生態環境，這些人生和事業目標，使我們可以超越物質財富這個單一向度，擁有一個更廣闊、更幸福、更有意義的人生。職場人士透過創造共享價值，將工作、人生和事業目標有機的結合起來，而不陷入「工作是為了財富自由，之後我再追尋人生和事業目標」的分離、焦慮的狀態。

從傳統的角度看，公司從事的是房地產的開發和營運。但我們從社會角度思考房地產開發和營運的意義。作為城市建設重要的載體之一，房地產的開發和營運需要考慮現代城市開發和建設中伴隨的社會問題，包括自然和生態環境的破壞、人際互動和社區文化的弱化；以及工作和生活，特別是精神生活的脫節。公司因此提出了建構人文社區創造共享價值的理念，並落實到規劃、設計、營運和社區文化營造等業務中。

我們的關切要務

公司不斷探索豐富的傳統和哲學。社區為人們帶來豐富的體驗，這所有的一切都是為了支撐四個主要目標。

公司嘗試做到如下內容。

1. 滋養全面社會互動：透過舉辦各類具有啟發意義的活動，匯集跨領域的各類人群，增進多元交流和創造。
2. 理解服務對象：密切觀察並發展合作夥伴網絡，以圍繞新的興趣點創建社群。
3. 提供靈活的學習機會：開創學習者自主參與的教學風格，並就相關主題安排充滿趣味性的實驗及深入探討。
4. 鼓勵深度融入周圍環境：企業社群若能充滿各種出人意料的細節設計，將能為人們提供各種不同的情緒經驗—最沉靜、最生動和最富參與性的。

基於創造共享價值的公司吸引了優秀的客戶，在商業價值方面也有非常不俗的報酬。在啟皓任職期間，眼見大樓平地而起。更令我激動和自豪的是我們的理想也隨之照見現實。社會價值和商業價值是可以同框彼此促進的。這一段工作經歷是我將人生和事業目標與企業中的工作進行結合的嘗試實踐，我因為參與人文社區建設而感受到了生命的意義和價值。

雀巢和啟皓是眾多實踐「創造共享價值」企業的一分子。越來越多的企業加入到這個行列，如拜耳、默克、巴斯夫、培生集團等。

透過創造共享價值可以在商業活動中實現社會價值，這為我們實現更宏大的生命價值和意義提供了可能性。但如何理解商業中的競爭呢？商業中的競爭不就是以犧牲別人的利益為代價嗎？這和幫助別人難道不衝突嗎？這和我們追求真善美的人生和事業目標不是衝突的嗎？

2015 年世界經濟論壇上的主題之一是「如何建立關懷經濟？」有識之士在思考和討論商業中的競爭與關懷的關係。其中的一個觀點很值得參考：「一旦你考慮和尊重他人，就不會去採用欺詐、剝削或是恐嚇的方式，然後就會帶來信任，也就會有良性的競爭。我希望和我的朋友一樣，這樣的良性競爭是好的。相反，試圖透過阻礙別人的方式來獲得領先，則是惡性競爭。」

競爭其實只是一種手段，而非目的，有些人可能錯把出人頭地當作目標了，所以在競爭中會越過應該遵守的底線。還有些人可能被惡性競爭所傷害，或是不願看到別人受到惡性競爭的傷害，對於競爭有所顧忌。事實上，競爭只是方法和工具，是良性競爭還是惡性競爭取決於我們的目的和方式。競爭的參與者以不損害社會公共利益和消費者利益為前提，以社會公認的商業道德和市場經濟的法律、法規為準則，以自身的努力和創新來積極的參與市場競爭，這樣的競爭有利於促進社會的進步和發展，這樣的競爭即可稱為良性競爭，反之則屬惡性競爭。

就像許多事情一樣，競爭也有不同的格局。良性競爭的目的是如何不斷打破人類的局限，從身體上更高、更快、更強，到認知上對真理的探索，良性競爭要甩掉的是惰性、疾病和無知。

從個人發展角度，良性的競爭是見賢思齊，外在的競爭力量是自我改善的鏡子，達到正面激勵的效果，這樣就是良性競爭。

創造 NBA 新紀錄的金州勇士隊強調帶著關懷心去競爭，不斷的將籃球的快樂傳遞給更多的人。同樣，商業領導者們也可以抱著這樣的態度去參與競爭。當創造出 Paypal、特斯拉、可回收火箭等商業奇蹟的伊隆．馬斯克（Elon Musk）被問到如何看待競爭時，他說：「競爭很好，它可以帶來創新。如果一個公司長期停滯不前，將會被競爭對手超越。」伊隆．馬斯克一直致力於推動人類的進步，甚至是我們認為不可思議的「讓生命生活在多星球」（Making Life Multiplanetary）的願景，這將是人類進化中的「一大步」。

良性競爭不是「既生瑜，何生亮」這樣的零和賽局，而是一種互相成就。德州大學奧斯汀分校拉伊．拉赫胡納森博士對於這種情況有一個很好的解釋：「當我們進入忘我的心流狀態時，其他人並不會因為我們這種巔峰表現而感到威脅，相反，人們會感到愉悅和受到鼓舞，因為忘我的心流狀態是無限的，並不是你有我無的匱乏心態，這不是一種零和的狀態。良性競爭是有機會實現精神超越、提升大家的能量狀態。」

作家大江健三郎在自己的書裡，寫了這樣一段話：「現在已經到了老人年紀的我，再回到故鄉的森林裡，如果遇到小孩子的我，應該說些什麼話才好呢？」他告訴年輕的自己：「你長大之後，也要繼續保持現在心中的想法喲！只要用功念書，累積經驗，把它伸展下去，現在的你，便會在你長大之後的軀體裡活下去。而你背後的過去的人們，和在你前方的未來人們，也都會緊密聯結著。」

大江健三郎提醒我們，不要忘記初心。在我們追求幸福的過程中，也許漸漸迷失在方式和工具中，財富是有助於提升幸福感的要素之一，不是全部，更不是根本目的。同樣，企業在發展過程中，也需要定期審視和重溫最初的願景和使命。

我們生活在商業社會裡，商業掌握著世界大部分的財務資源，這對於企業管理者是一個機會，也是挑戰。如果善用這些資源，創造出更多的社會和商業價值，就可以增加人類包括自己的福祉。如果視野過於狹窄，被短期的經濟利益綁架，採取惡性競爭的方式，即使短期可能會獲得所謂的成功，但缺乏可持續的發展，更無法提升人類的福祉。企業管理者一方面責任重大，另一方面也應該感到非常幸運。正如哈佛商學院教授克萊頓．克里斯坦森教授所說：「管理者從事的是最有價值的工作，因為這是一個可以幫助他人變得更好的職業。」

讓我們一起努力，成為更好的領導者，幫助自己和他人幸福的獲得成功。

結語

一位父親讓他的孩子去向一位遠近聞名的老師學習。這位老師教了孩子各種本領，孩子也很爭氣，很努力的學會了這些本領。幾年後，孩子高高興興的回家了，向他父親展示了這些本領，以為父親會很滿意。誰知父親說，這些都是老師可以「教」的東西，應該再去學那些老師不能「教」的東西。於是，孩子再去找到老師，說要學那些老師不能「教」的東西。老師很高興，說：「現在真正的學習開始了。」老師給學生一個任務，要把幾百頭牛趕到山上，變成幾千頭牛後再下來。十幾年後學生下山了，整個人從裡到外都發生了很大的變化。老師說：「這下你學到了我不能『教』的東西了。」

「發展正念覺知力，提升心力、發現真北、進化意識、培養關懷和教練賦能，這些都有神經科學的支持，有實證研究支持，是世界最前端的領導力課題，被商界領袖所推崇……」這些都是能「教」的東西，有 2,000 多年傳統的正念，其更大的價值在於那些不能「教」的東西上，在於實踐正念的過程中不斷體悟和理解，在於從知到行的過程。

對於深受 MBA 管理教育影響，習慣了以 SMART 原則來設定目標並考核工作的我，經常要面臨自我的拷問：「我最近有沒有努力做正念練習？我做得好嗎？最近有什麼進步？」對此，我要經常提醒自己卡巴金博士的如下忠告：

在教授了 40 多年正念之後，卡巴金博士很高興正念已開始進入主流社會。但他對於那些認為「我現在要開始練習正念了」的人們有一個忠告：「正念不是一個應該『做』的事情，不是好像『我又多了一項任務』，就像在瑜伽課後又多了一項必須做的事一樣。事實上，正念不是『做』(doing)，而是『在』(being)，而『在』並不需要時間。」

結語

正念、領導力都是關於人生的學習，是沒有終點的旅程，我們所要做的，如一行禪師所說，就是「對當下的覺知和覺醒，修習每時每刻都深刻的接觸生命」，然後我們就可以創造真正的正念奇蹟：

「人們通常認為在水上或是稀薄的空氣中行走才是奇蹟，但是我覺得真正的奇蹟，既不是在水上行走，也不是在稀薄的空氣中行走，而是在大地上行走。每一天，我們都置身奇蹟中，那些連自己都未認知到的奇蹟：藍天，白雲，綠草，孩子黝黑而充滿好奇的眼睛 —— 那也是我們自己的眼睛。所有的一切，都是奇蹟。」

在通往幸福的路上，讓我們一起行走。

參考文獻

[01] 楊巍。工作壓力源、組織支持感知與工作投入關係研究。2008。

[02] Baer, R. A., Smith, G. T., Hopkins, J., Krietemeyer, J., & Toney, L. (2006). Using self-report assessment methods to explore facets of mindfulness. Assessment, 13, 27-45.

[03] Shauna L. Shapiro, Linda. E. Calson, John A. Astin, Benedict Freedman. Mechanism of Mindfulness, 2006.

[04] Adam Moore, Peter Malinowski. meditation, mindfulness, and cognitive flexibility, 2009.

[05] Daniel R. Evans, Ruth A. Baer, Suzanne C. Segerstrom. The effects of mindfulness and self-consciousness on persistence, 2009.

[06] Nicole E. Ruedy, Maurice E. Schweitzer. In the Moment: The Effect of Mindfulness on Ethical Decision Making, 2011.

[07] Britta K. Hölzel, Sara W. Lazar, Tim Gard, Zev Schuman-Olivier, David R. Vago, and Ulrich Ott. How Does Mindfulness Meditation Work? Proposing Mechanisms of Action From a Conceptual and Neural Perspective, 2011.

[08] Hannes Leroy, Frederik Anseel, Nicoletta G. Dimitrova, Luc Sels. Mindfulness, authentic functioning, and work engagement: A growth modeling approach, 2013.

[09] Maree Roche, Fred Luthans, Jarrod M. Haar. The Role of Mindfulness and Psychological Capital on the Well-Being of Leaders, 2014.

[10] Matthijs Baas, Barbara Nevicka, and Femke S. Ten Velden. Specific Mindfulness Skills Differentially Predict Creative Performance, 2014.

[11] Peter Malinowski, Hui Jia Lim. Mindfulness at Work: Positive Affect, Hope, and Optimism Mediate the Relationship Between Dispositional Mindfulness, Work Engagement, and Well-Being, 2015.

[12] Louise Wasylkiw, Judith Holton, Rima Azar, William Cook. The impact of mindfulness on leadership effectiveness in a health care setting: a pilot study, 2015.

[13] Louis Baron. Authentic leadership and mindfulness development through action learning, 2014.

[14] Guangrong Dai, Jeffery Lin, James Warner, Joy Hazucha, Wells Tian. China's new business leaders, 2015.

參考文獻

[15] Bruce J. Avolio, Sean T. Hannah. Developmental readiness: Accelerating leader development, 2008.

[16] Olga Klimecki, Matthieu Ricard, Tania Singer. Empathy versus Compassion: Lessons from 1st and 3rd Person Methods.

[17] Theo Winter. Evidence for Mindfulness: A Research Summary for the Corporate Sceptic, 2016.

[18] Nobo Komagata, Sachiko Komagata. Mindfulness and Flow Experience, 2010.

[19] Palma Michel, Jamie Lyon. CFOs and the C Suite—Leadership fit for the 21st Century, 2015.

[20] Sara W. Lazar, Catherine. Kerr, Rachel. Wasserman, Jeremy R. Gray, Douglas N. Greve, Michael T. Treadway, Metta McGarvey, Brian T. Quinn, Jeffery A. Dusek, Herbert Benson, Scott L. Rauch, Christopher I. Mooreh, and Bruce Fischl. Meditation experience is associated with increased cortical thickness, 2005.

[21] Tomasz Jankowski, Pawel Holas. Metacognitive model of mindfulness, 2017.

[22] Bill George. Mindful Leadership: Compassion, contemplation and meditation develop effective leaders, 2010.

[23] Dilwar Hussain. Meta-Cognition in Mindfulness: A Conceptual Analysis, 2015.

[24] Britta K. Hölzel, James Carmody, Mark Vangela, Christina Congleton, Sita M. Yerramsetti, Tim Gard, and Sara W. Lazar. Mindfulness practice leads to increases in regional brain gray matter density, 2011.

[25] Adrienne A. Taren, Peter J. Gianaros, Carol M. Greco, Emily K. Lindsay, April Fairgrieve, Kirk Warren Brown, Rhonda K. Rosen, Jennifer L. Ferris, Erica Julson6, Anna L. Marsland, James K. Bursley, Jared Ramsburg and J. David Creswell. Mindfulness meditation training alters stress-related amygdala resting state functional connectivity: a randomized controlled trial, 2015.

[26] Bruce J. Avolio, Tara S. Wernsing. Practicing Authentic Leadership, 2008.

[27] Matthieu Ricard, Antoine Lutz, and Richard J. Davidson. Mind of the meditator: Contemplative practices that extend back thousands of years show a multitude of benefits for both body and mind, 2014.

[28] Kristin Neff. Self-Compassion Scale, 2003.

[29] Ricks Warren, Elke Smeets, Kristin Neff. Risk and resilience: Being compassionate to oneself is associated with emotional resilience and psychological well-being, 2016.

[30] Daniel J Siegel, Medeleine W Seigel. Thriving with Uncertainty: Opening the Mind and Cultivating Inner Well - Being Through Contemplative and Creative Mindfulness.
[31] Ruth A. Baer, Gregory T. Smith, Jaclyn Hopkins, Jennifer Krietemeyer, Leslie Toney. Using Self-Report Assessment Methods to Explore Facets of Mindfulness.
[32] Fred O. Walumbwa, Bruce J. Avolio, William L. Gardner, Tara S. Wernsing, Suzanne J. Peterson. Authentic Leadership: Development and Validation of a Theory-Based Measure.
[33] Shinzen Young. What is Mindfulness? 2016.

深呼吸後的管理學：

專注力 × 正念力 × 心流論，讓你學會好好呼吸，輕鬆擁有好業績！

作　　著：陳立偉，魏星
發 行 人：黃振庭
出 版 者：崧燁文化事業有限公司
發 行 者：崧燁文化事業有限公司
E-mail：sonbookservice@gmail.com
粉 絲 頁：https://www.facebook.com/sonbookss/
網　　址：https://sonbook.net/
地　　址：台北市中正區重慶南路一段六十一號八樓 815 室
Rm. 815, 8F., No.61, Sec. 1, Chongqing S. Rd., Zhongzheng Dist., Taipei City 100, Taiwan
電　　話：(02)2370-3310
傳　　真：(02) 2388-1990
印　　刷：京峯彩色印刷有限公司（京峰數位）
律師顧問：廣華律師事務所 張珮琦律師

- 版權聲明

定　　價：299 元
發行日期：2022 年 07 月第一版
◎本書以 POD 印製

國家圖書館出版品預行編目資料

深呼吸後的管理學：專注力 × 正念力 × 心流論，讓你學會好好呼吸，輕鬆擁有好業績！/ 陳立偉，魏星著 . -- 第一版 . -- 臺北市：崧燁文化事業有限公司，2022.07
面；　公分
POD 版
ISBN 978-626-332-468-8(平裝)
1.CST: 職場成功法 2.CST: 生活指導
494.35　111009156

電子書購買

臉書